TOMAR A TERRA

HABITANTES DA ZAD,
NOTRE-DAME-DES-LANDES

TOMAR A TERRA
Habitantes da ZAD, Notre-Dame-des-Landes

ISBN . Iª EDIÇÃO
978-65-86598-10-0

AUTOR Habitantes da ZAD
TRADUÇÃO Mario Sagayama
EDIÇÃO E PROJETO GRÁFICO Leonardo Araujo Beserra
COEDIÇÃO E PREPARAÇÃO Gustavo Motta
REVISÃO Lia Urbini

título original: *Prise de Terre(s) – Notre-Dame-des-Landes, été 2019*

rua conselheiro ramalho, 945, 1° andar, sala 4, 01325-001, bela vista, são paulo - sp. glacedicoes@gmail.com

** a ilustração de capa deste livro diz respeito ao Mapa de Zonas Agrícolas e Ocupações da Zona a Ser Defendida de Notre-Dame-des-Landes, realizado em janeiro de 2014, e faz parte de um conjunto de mapas criados em uma oficina pública nas dependências internas do território, com a finalidade de informar habitantes e apoiadores sobre as diversas atividades e qualidades do terreno, além de, também, preparar a luta contra o despejo das comunidades envolvidas.*

TOMAR A TERRA

NOTA DA EDIÇÃO

Elencamos a seguir alguns pontos relativos ao contexto original de produção e disseminação do presente texto, na expectativa de trazer à tona parte dos ecos e ressonâncias com o nosso contexto presente – e que, em grande medida, impulsionaram a realização da presente edição:

- ZAD, sigla para Zona a Ser Defendida [do francês *Zone à Défendre*], surgiu de um jogo de palavras entre duas locuções: a primeira, Zona de Planejamento Diferencial [*Zone d'Aménagement Différé*, também conhecida pela sigla ZAD], foi criada em 1962 e atualizada inúmeras vezes desde os anos 1980, no âmbito da organização governamental francesa para áreas ligadas a megaprojetos arquitetônicos; a segunda, Zona Autônoma Temporária [do inglês *Temporary Autonomous Zone*, comumente referida pela sigla TAZ], foi popularizada por Hakim Bey, pseudônimo de Peter Lamborn Wilson, em seu livro homônimo, de 1991, que exerceu grande influência sobre os movimentos altermundialistas do final dessa mesma década.
- A região da ZAD, em Notre-Dame-des-Landes (Pays-de-Loire, Nantes, Loire-Atlantique – França), é uma área agrícola, conhecida por extensas pastagens úmidas, ou brejos, entrecortadas por diferentes coberturas vegetais. Nessa região, a ocupação de terras por camponeses e pequenos posseiros remonta à década de 1960, quando ambientalistas e agricultores locais ocuparam o terreno

relativo à Zona de Planejamento Diferencial a fim de barrar as investidas do governo francês para construir um aeroporto no local. Esse processo foi retomado e intensificado a partir de 2007, quando cerca de 1650 hectares foram ocupados por dezenas de posseiros locais.

- Na operação *César*, realizada pelo governo francês entre outubro e novembro de 2012, mais de mil policiais se puseram a evadir a área destinada à construção do aeroporto. Na ocasião, cerca de 40000 pessoas se uniram à luta da ZAD, entendida então como Zona a Ser Defendida – a partir desse momento centenas de ocupantes se dedicaram a tornar possível a vida comunal na região.
- Em 17 de janeiro de 2018, o primeiro-ministro francês, Édouard Philippe, anunciou em transmissão ao vivo pela televisão que o planejamento estatal de transpor o aeroporto da região de Grand-Ouest para Notre-Dame-des-Landes – num vai-não-vai que já durava décadas – estava sendo permanentemente suspenso. O recuo do governo surpreendeu os habitantes da ZAD, já que punha fim a quarenta anos de luta – e, concomitantemente, à uma "nova" política comunal na França, vigente desde ao menos o decênio anterior pelas práticas autônomas internas da ZAD.
- Desde antes da vitória, além das pressões políticas externas, os conflitos internos também premiam cotidianamente os habitantes da ZAD, que os discutiam diariamente em assembleias gerais realizadas a partir de premissas ligadas à democracia direta. Com a vitória, novos desafios se impõem, como a exigência de novos modos de organização

– agora com os personagens mais radicalizados se retirando do território e do convívio social dos habitantes da zona. Ademais, impuseram-se novas formas de pressão, ligadas aos ordenamentos legitimatórios do governo sobre os coletivos, organizações e formas de habitação dentro da zona.

- O texto aqui publicado foi escrito no verão de 2019 por parte dos habitantes da ZAD que mantiveram a ocupação da área após a vitória contra o governo francês. Eles enfrentavam então – e ainda enfrentam – críticas de diversos sujeitos da luta autonomista na França, e buscam reinventar, mais uma vez, sua forma de atuação política.
- Acreditamos que *Tomar a terra* se configura como um verdadeiro documento histórico de nossa época. Impulsionados pelo ânimo de Jean Tible – que proporcionou esta edição brasileira – e pela alegria de Mario Sagayama em traduzi-lo, trazemos esse documento ao leitor lusófono como maneira de contribuir com a atualização do autonomismo no contexto brasileiro – a fim de encontrarmos e realizarmos tão breve quanto possível nossos próprios experimentos de outros mundos.

Boa leitura!

GLAC edições,
junho de 2021.

PREFÁCIO À EDIÇÃO BRASILEIRA

Algumas palavras à guisa de prefácio para a edição brasileira de *Tomar a terra*. Primeiramente, agradecemos aos editores e ao tradutor que trabalharam para que essas linhas atravessassem o Atlântico. Durante séculos, o Oceano – que nos separa e nos liga – transportou miríades de caravelas, galeões e navios de guerra. As conquistas coloniais e o comércio triangular nele fizeram escorrer o açúcar, o ouro e o sangue.

Hoje, inumeráveis contêineres de soja do Brasil atravessam o Oceano para abastecer o complexo agroindustrial ocidental, enquanto a França exporta massivamente por ele pesticidas e inseticidas. Os atuais tratados de livre comércio concluem o projeto colonial de um mercado-mundo. Que as duas margens do Atlântico não estejam conectadas unicamente pela fibra óptica, pelos aviões de linhas e pelos porta-contêineres; que a amizade franco-brasileira não se resuma a diplomatas e aparelhos; que nossas relações não se reduzam à dos fluxos de mercadorias e de turistas, mas mantenham caminhos entre as lutas, os grupos, os lugares e os imaginários revolucionários; que as experiências de resistência viajem do Estuário do Loire até o Brasil e vice-versa; tudo isso se deve, talvez, à multiplicação de modestas iniciativas tais como esta publicação.

Tomar a terra era endereçado inicialmente a todos aqueles e aquelas que, na França, haviam tomado parte, de perto ou de longe, na longa luta contra o aeroporto de Notre-Dame-des-Landes. Assim, alguns esclarecimentos históricos se impõem, ao dirigi-lo agora para o leitor lusófono.

História do estuário

O *bocage*[1] de Notre-Dame-des-Landes se situa 20 km ao norte de Nantes. A metrópole Nantes-St. Nazaire é uma aglomeração de 860.000 habitantes. A história da foz do Loire e de sua metropolização é indissociável da história do comércio triangular do Atlântico. É ao se afirmar como um dos principais portos negreiros franceses, no século XVIII, que Nantes se torna uma metrópole. Os conveses dos navios se abarrotam, sucessivamente, de corpos acorrentados e de alimentos vindos das outras margens. Os negociantes triunfam e com eles uma ordem imperial segundo a qual corpos e territórios se tornam mercadorias-objeto.

O advento do Império transfigurara a paisagem estuária do Loire, porta estratégica da França no espaço atlântico:

- na cidade, o porto e as docas crescem desmesuradamente. É a explosão industrial, as usinas pipocam: canteiros navais, têxteis, químicos... Aparecem, então, os primeiros bairros e subúrbios operários. A cidade é inteiramente remanejada: construção de *boulevards*, urbanismo contra-insurrecional, frenesi imobiliário, segregação urbana.
- no interior, as charnecas comunais são cercadas. O *bocage* é forjado cavando lagoas e fossas, erguendo taludes e plantando sebes. A privatização dos bens comunais, agregada às explorações agrícolas, reorganiza o campo. Ela desestrutura as comunidades

1 N. da T.: Por não contar com uma tradução exata para o português, a palavra *bocage* será mantida em francês durante todo o livro. O bocage é um espaço em que se conjugam simultaneamente bosques e pastos, floresta e cultivo.

dos vilarejos. Ela erode os meios de subsistência e ceifa os usos comuns. Ela aumenta a dependência em relação aos proprietários de terra e precipita o êxodo rural. Ela abre o caminho para a desapropriação do campesinato, a qual será, em seguida, completada pela industrialização da agricultura.

A partir do século XVIII, Nantes se torna uma metrópole florescente do império francês, pela acumulação primitiva de um capital financeiro e fundiário considerável, fundado em um quadríptico: colonização do "novo mundo"; relegação das mulheres ao lar e redução de seus corpos a uma ferramenta de reprodução da força de trabalho. Assim, podemos esboçar rapidamente a gênese local da *colonização metropolitana*.

> *Deveria parecer significativo o fato de a caça às bruxas ter sido contemporânea ao processo de colonização e extermínio das populações do Novo Mundo, aos cercamentos ingleses, ao começo do tráfico de escravos, à promulgação das Leis Sangrentas contra vagabundos e mendigos, e de ter chegado a seu ponto culminante no interregno entre o fim do feudalismo e a "guinada" capitalista, quando os camponeses da Europa alcançaram o ponto máximo do seu poder, ao mesmo tempo que sofreram a maior derrota da sua história. Até agora, no entanto, este aspecto da acumulação primitiva tem permanecido como um verdadeiro mistério.*
>
> — Silvia Federici, *Calibã e a bruxa*
> (São Paulo: Editora Elefante, 2017. Trad. Col. Sycorax)

O conceito de *colonização metropolitana* é compreendido, aqui, no sentido de um fenômeno mundial de exploração capitalista dos corpos e dos territórios.

É um processo global, ininterrupto há mais de 500 anos, mas do qual é possível ler a pegada sobre o território de cada localidade do mundo. A colonização metropolitana se acelerou, paradoxalmente, desde os anos 1945-70, momento da ascensão "à independência" da maioria das colônias. Esse período - impropriamente chamado de "*descolonização*" - não é, na verdade, senão a generalização, nas colônias, das formas ocidentais de governo que articulam mercado-mundo, Estado-Nação e metrópoles regionais. Mas esse período é também - por um duvidoso "*efeito de retorno*" - o da generalização, voltada aos territórios e às populações metropolitanas, das técnicas disciplinares e dos regimes de exceção experimentados nas colônias.

A colonização metropolitana é uma reorganização capitalista do espaço. Ela arrasa os litorais, as cidades, as montanhas e florestas do Além-Atlântico. Ela espolia a selva guianesa e transforma o arquipélago caribenho em ilhas de açúcar. E no mesmo movimento, ela transfigura, a partir do interior, todo o estuário do Loire: tanto as ruas das cidades-portos que costeiam o rio, quanto as charnecas, pântanos e *bocages* do interior de Nantes. Pensar a colonização a partir das duas margens do Atlântico, como fenômeno conjunto da expansão imperial e da endocolonização, não significa de modo algum relativizar o horror colonial. Isso permite, ao contrário, como Aimé Césaire nos convida a pensar, discernir os contornos dessa "sombra carregada, maléfica, de uma forma de civilização que, num determinado momento de sua história, vê-se obrigada, internamente, a estender à escala global a concorrência de suas economias antagonistas".

A colonização metropolitana vampiriza, simultaneamente, a força de trabalho do escravizado africano e do operário europeu. Ela expropria o indígena da outra margem de seu território ancestral, e o campesinato vernacular de seus bens comunais. A integração à força no mercado global avilta, conjuntamente, o cercano e o longínquo. De modo que, quando alguém conta a história do canto do mundo que habita, é a história de todos os povos do mundo que aí se reflete. Uma história das formas de autodefesa territorial contra a colonização metropolitana.

Resistências enraizadas

Saltemos os séculos, as guerras e as revoluções para nos transportarmos a 1974. O ano em que os burocratas planificam a implantação de um aeroporto internacional no *bocage* Notre-Dame-des-Landes. Ele é apresentado como a peça mestra da nova estratégia de desenvolvimento da metrópole Nantes-St. Nazaire. Os tecnocratas fantasiam um *boom* do frete aéreo e o crescimento infinito do fluxo de viajantes. Eles projetam uma rede de autoestradas celestes para ligar Nantes às outras metrópoles francesas, europeias e mundiais. Eles veneram o concorde, o avião supersônico do futuro que transpõe o Atlântico como saltamos uma poça d'água.

A plataforma aeroportuária – como outrora o porto negreiro – é encarada como uma infraestrutura estratégica crucial para qualquer potência metropolitana, pois ela determina sua capacidade de projeção mundial e de desterritorialização por meio do espaço liso, do céu ou do mar. Por trás de sua frieza legal-racional, o discurso das burocracias, encarregadas do planejamento do território, repousa, no fundo, sobre crenças pseudomágicas: fetichismo da mercadoria e culto do cargueiro.

> *Nessa época reina a teoria do que se chamamos de equipamentos estruturantes. Façamos um porto e, com os barcos vindo se atracar, empresas se instalarão; façamos um aeródromo e os capitais virão aqui investir-se (...) O discurso de nossas burguesias regionais não deixa de lembrar o famoso "culto do cargueiro". Após a colonização das ilhas da Nova Zelândia, algumas tribos celebraram um culto ao cargueiro, que tinham identificado, durante a presença dos americanos, com a riqueza e com a felicidade. Após a partida dos americanos, elas começaram a construir imensas docas a fim de fazer retornar essa fonte de felicidade (...) Cultos semelhantes foram celebrados nas ilhas Fiji; em Nova Guiné, simulacros, até pistas de aeroporto foram construídas no mato para atrair os aviões. Esses fenômenos de mentalidade mágica se encontram, então, no coração do que quer aparecer como um raciocínio econômico.*
>
> — J. De Legge e R. Leguen, *Dégage!... On aménage* (França: Éditions le Cercle d'or, 1976. Trad. nossa)

Para erguer a infraestrutura aeroportuária do Grande Oeste, os planejadores almejam aniquilar 1600 hectares de *bocage* em Notre-Dame-des-Landes. Para tal propósito criam uma Zona de Planejamento Diferencial [ZAD, do francês *Zone d'Aménagement Différée*]. A ZAD é antes de tudo uma vasta operação fundiária: a compra progressiva pelos poderes públicos do conjunto das terras, casas e fazendas destinadas à destruição. É o começo de uma longa luta para a qual o solo local é fértil.

Nessa época, a agitação está no auge no Loire--Atlântico. Maio de 68 está ainda presente em todas as cabeças – um verdadeiro levante que havia culminado, localmente, entre 24 de maio e o começo de junho daquele ano. A prefeitura fora alvo de um cerco de manifestantes, de um ataque às máquinas do canteiro de obras e de uma tentativa de incêndio. Naquele momento exato, ainda que efêmero, a cidade de Nantes caíra nas mãos dos operários e operárias, camponeses e camponesas, e estudantes. A prefeitura fora ocupada. Os comitês de luta, além de coordenar e dar vida às manifestações, piquetes, bloqueios de vias e ocupações, dedicaram-se então à organização da vida cotidiana em uma metrópole paralisada pela greve geral e por bloqueios de estradas. Alguns chamam de "comuna de Nantes" essa experiência fugaz de maio de 68.

No sulco dessa memorável primavera, os anos 1970 no estuário do Loire foram o teatro de vários tumultos. Um fronte se distingue particularmente, o das lutas locais que agregam camponeses, operários, habitantes e estudantes em torno de formas de autodefesa territorial: resistências contra a expulsão de arrendatários pelos proprietários das terras; ações diretas e ocupações de terras contra os grandes exploradores e acumuladores agrícolas; lutas pelo livre acesso às margens do rio Erdre (cercadas e dominadas pelas propriedades burguesas); resistência à construção, na beira do Loire, da central nuclear do Pellerin. Transbordando a fábrica e o centro da cidade, a contestação se espalha pelo conjunto do território.

É nesse contexto de agitação que em 1974 é criado o primeiro coletivo de agricultores (ADECA[2]) con-

2 N. da E.: *Association de défense des exploitants concernés par l'aéroport* [Associação de defesa dos operadores envolvidos no aeroporto].

tra o aeroporto de Notre-Dame-des-Landes. Eles se recusam a ceder suas terras e decidem resistir. Seus pioneiros são membros do movimento de camponeses trabalhadores, que na época está presente em todos os combates, da LIP[3] ao Larzac[4]. Eles organizam reuniões públicas contra o projeto e projetam filmes a respeito da resistência contra a construção do aeroporto de Narita, no Japão. Também ocupam uma fazenda que estava destinada à destruição.

A ebulição política da região de Nantes e a ação resoluta dos camponeses da área – somadas às consequências político-econômicas do choque do petróleo em 1973 – comprometem os planos faraônicos dos empreiteiros. No fim dos anos 1970, o projeto de aeroporto é relegado às gavetas empoeiradas dos planificadores do desastre. Mas o *hold-up* fundiário persiste e os poderes públicos continuam a dominar progressivamente as terras da Zona de Planejamento Diferencial.

É em 1997 que o governo socialista retoma o projeto de construção de um aeroporto em Notre-Dame-des-Landes. A ADECA é reativada. Paralelamente, cidadãos criam a ACIPA[5] para estender a contestação para além do mundo camponês. Ela conjuga os habitantes do território, cria comitês locais, conduz vastas campanhas de informação sobre a absurdidade do projeto, multiplica os recursos jurídicos de todos os modos possíveis para repelir e retardar o início das obras, organiza reuniões públicas.

3 N. da E.: Fábrica de relógios em Besançon, ocupada pelos operários entre 1973 e 1974.
4 N. da E.: Luta contra a implantação de uma base militar no platô de Larzac, localizado a 90 km de Montpellier, litoral mediterrâneo (sul) da França.
5 N. da E.: *Association Citoyenne Intercommunale des Populations concernées par le projet d'Aéroport de Notre-Dame-des-Landes* [Associação Intercomunal de Cidadãos das Populações Afetadas pelo projeto do Aeroporto...].

Em 2008, as consultas públicas são encerradas, e as obras preliminares podem começar: relatórios de agrimensores, perfurações, escavações arqueológicas. Os habitantes e os camponeses resistentes têm a opção de partir e aceitar o dinheiro da construtora Vinci ou – caso se recusem a colaborar – de permanecer até o fim, sendo objeto de um procedimento de expropriação, via expulsão *manu militari*. Fazendas e casas são progressivamente desocupadas por seus habitantes. Um grupo de locatários expulsáveis funda o coletivo dos "habitantes que resistem". Convencidos de "que um território esvaziado de seus habitantes é fácil de conquistar" e "que um território se defende com aqueles que o habitam", eles fazem um chamado, convidando à ocupação de terrenos, para se opor fisicamente às obras. Nasce a Zona a Ser Defendida.

Autodefesa territorial

A partir do acampamento de ação climática em 2009, muitas pessoas respondem ao chamado dos habitantes que resistem. Fazendas e casas vazias são progressivamente ocupadas. Cabanas são construídas nos campos e nas copas de árvores. Progressivamente, aproximadamente trinta localidades são ocupadas por uma pequena centena de pessoas. Jardins coletivos e um rebanho de cabras se estendem sobre alguns hectares.

Paralelamente às experiências de autonomia e de vida em comum, o movimento de ocupação se organiza para frear materialmente o avanço das obras sobre o terreno. Em contrapartida, os atores econômicos do projeto imobiliário são alvo de campanhas de sabotagem. À medida que o movimento de ocupação ganha influência, torna-se impossível para o poder público encarar o início das obras sem uma vasta operação prévia de expulsão.

Em outubro de 2012, o governo socialista há pouco eleito lança a *Opération César*. Milhares de policiais são enviados à região. Contra esse dispositivo, barricadas, cabanas nas árvores, emboscadas e investidas. O enfrentamento se estende por um mês, de 16 de outubro a 24 de novembro de 2012. A resistência local se torna, então, um verdadeiro movimento: abastecimento massivo vindo das redondezas, irrupção do COPAIN[6] (um coletivo de camponeses da região que vem reforçar as barricadas com seus tratores e impulsiona as ocupações de terra), criação de comitês ZAD por toda a França e surgimento de ações descentralizadas.

Em 17 de novembro, uma grande manifestação de reocupação, prevista há tempos, reúne 40.000 pessoas vindas de toda a França. O chamado circulava havia meses: um encontro 4 semanas após qualquer tentativa de expulsão da ZAD, para reconstruir. Em uma jornada, nós erguemos um vilarejo ao redor de um castanhal, com a firme intenção de defendê-lo. Em 24 de novembro, após dois intensos dias de enfrentamentos da floresta de Rohanne, e de uma grande manifestação nas ruas de Nantes, o governo anuncia que suspendeu o início das obras do aeroporto e põe fim às expulsões.

6 N. da E.: Ver nota 12, p. 32, desta edição. Ademais, a palavra *copain* também pode ser traduzida ao português como "camarada" ou "companheiro".

Para não perder a dignidade, o governo mantém uma espécie de ocupação militar permanente do território por meio da instalação de dois *checkpoints* permanentes em um dos principais eixos rodoviários da ZAD. Estes serão objeto de ataques regulares, até que o governo termine por decidir pura e simplesmente pela retirada do território em 13 de abril de 2013. Começa, então, um período inédito de cinco anos de vida "sem polícia" na ZAD. Cinco anos de vácuo de poder, a ponto de que as regras jurídicas e urbanísticas que regem em tempos normais a organização espacial do território tornam-se inoperantes. Assim se abrem possibilidades inéditas de construção, de habitação e de tomada de terras. Progressivamente, por volta de sessenta áreas comuns são construídas e por volta de 200 hectares de terra são requisitados.

A situação é no mínimo paradoxal. A situação de vácuo de poder abre possibilidades e liberdades inéditas, mas suscita igualmente uma profunda vertigem. Se a situação resulta, em parte, da formidável força do movimento, ela revela, ao mesmo tempo, seus limites. Ela nos confronta de pronto com a questão irresolvida dos contornos do mundo que carregamos em nós e cujo advento queremos. Os poderes públicos falam publicamente de "*zona de não-direito*" e de "*cisto*" para designar a zona. Nós afirmamos, em alto e bom som, que nos tornamos "ingovernáveis". A realidade é mais complexa.

Seria presunçoso interpretar esse recuo parcial do governo frente ao território, esse "*laisser faire*", como um puro produto da força do movimento. Se a correlação de forças instaurada pela luta levou efetivamente o governo a esse extremo, o "*laisser faire*" é *também* uma estratégia contrainsurrecional para preparar o terreno para uma futura operação militar de retomada do território. Atiçar os conflitos internos, favorecer a circulação de drogas pesadas e apostar no fato de que os demais habitantes e camponeses da região vão terminar por se voltar contra o movimento de ocupação.

A ordem dada aos policiais, de fato, é de não mais entrar na ZAD. Mas o uso de ferramentas de vigilância à distância, de infiltrações policiais e do recrutamento de informantes se multiplica. O sobrevoo frequente da zona, por helicópteros, permite traçar os mapas da operação militar por vir. Se a polícia não é visível, a iminência de seu retorno ocupa todas as mentes, a ponto de torná-la onipresente nos imaginários. A cada ano uma nova operação de expulsão é planejada. A cada ano, nós nos preparamos materialmente para ela. E a cada ano nós a derrotamos preventivamente por meio de ações coletivas de massa: manifestação na cidade (2014), bloqueios dos eixos rodoviários da região (2016), agrupamentos na ZAD. Assim, a despeito das ameaças, continuamos a cada ano a construir ou ocupar novos lugares.

Mas a potência destituinte do movimento não abre espaço apenas para novos possíveis, ela nos confronta com nossos imprevistos e fraquezas. Os princípios e os ideais se chocam, então, com a dureza da experiência prática. Como fazer quando o número de habitantes da ZAD aumenta consideravelmente, sem que estejamos, contudo, aptos para definir coletivamente as regras de vida em comum e fazê-las vigorar? Vários conflitos surgem no cotidiano: sobre a pertinência estratégica de manter barricadas fora de uma operação de expulsão; sobre o respeito frente às formas de vida dos camponeses e habitantes da região; sobre a agricultura, a criação de animais, a caça, a derrubada de árvores e a relação com a natureza em geral; sobre o acolhimento de novos habitantes e a necessidade de enquadrar coletivamente (ou não) as localizações das novas construções; sobre as múltiplas maneiras de reagir (ou não) em conjunto aos atos internos de violência, de agressões físicas e/ou sexuais, sem recorrer nem à polícia, nem à justiça; sobre o lugar da loucura, das drogas e das armas em nossas áreas comuns; sobre a maneira de tomar decisões (ou não) em assembleia e os meios dos quais nos dotamos para mantê-las e concretizá-las; e sobre ainda muitas outras questões cruciais.

Tentar de novo. Falhar de novo. Falhar melhor
— Samuel Beckett, "Pra frente o pior"
em *Companhia e outros textos*
(São Paulo: Globo Livros, 2012. Trad. Ana H. Souza)

Tais questões são e serão postas onde quer que movimentos se esforcem para arrancar territórios da normalidade do capitalismo metropolitano. Conseguir enfrentar essas questões de modo prático, esforçar-se para respondê-las; organizar-se localmente para não suportar as respostas prontas, administradas pelas diversas burocracias que nos governam; retomar nossas vidas e nossos territórios. Aí começam todas as experiências de auto-organização comunal. Que a ZAD tenha encarnado durante anos e encarne ainda hoje a possibilidade de um tal aprendizado, eis o que faz dela muito mais do que uma simples luta local contra um projeto de aeroporto.

Depois do aeroporto

Ao longo de todo seu mandato, esse projeto foi um verdadeiro quebra-cabeça para o governo socialista. Em 2016, após ter mais uma vez renunciado a uma operação de expulsão planejada, ele anuncia a realização de um referendo local em Loire-Atlântico durante o verão. O resultado é inapelável: 55% de *sim* para o aeroporto. Em termos legais, daí em diante nada pode mais se opor à nossa expulsão imediata e ao início das obras. Nós retrucamos com uma grande manifestação na ZAD em 8 de outubro de 2016. Ao longo dela, erigimos dois hangares: um para a defesa da zona em caso de uma tentativa de expulsão e outro para o futuro, que pode se tornar uma marcenaria para ser utilizada em futuras construções. Dezenas de milhares de pessoas vêm fincar seu bastão[7] em um talude do *bocage* e prometem voltar para desenterrá-lo se o Estado atacar novamente a ZAD.

Com a aproximação das eleições presidenciais, François Hollande prefere deixar a situação se deteriorar e renuncia, mais uma vez, a nos expulsar. Encarrega o próximo presidente de se livrar do atoleiro da ZAD. Nesse meio tempo, reina o já estabelecido. Emmanuel Macron é eleito na primavera de 2017. Ele cria uma enésima comissão de especialistas para ganhar tempo. Em janeiro de 2018, a desistência do projeto do aeroporto é enfim anunciada. É uma vitória histórica.

7 N. da E.: No original, *planter leur bâton*, expressão que se tornou usual junto à atuação dos habitantes da Zona a Ser Defendida de Notre-Dame-des-Landes.

Durante todos esses anos de ocupação, entre 2013 e 2018, houve várias conversas para tentar superar nossos conflitos internos e conduzir uma reflexão comum sobre o futuro da ZAD em caso de abandono do projeto. Elas começaram com a elaboração de um texto em seis pontos em relação a um futuro sem aeroporto. As conversas se estenderam num processo de pesquisa coletiva sobre as diferentes formas de acesso comum à terra e ao hábitat. Elas culminaram na criação de uma Assembleia dos Usos, que inclui habitantes, camponeses, ribeirinhos e cientistas da natureza[8] em torno da defesa e do cuidado do *bocage*. O desafio central não é mais, então, o de lutar contra o projeto de aeroporto, mas para que o terreno da ZAD retorne ao movimento, e que seus habitantes – tanto os antigos como os novos – determinem seu uso.

A Assembleia dos Usos designou e elaborou o mandato de uma delegação unitária de uma dúzia de pessoas de diversas sensibilidades, encarregada de começar negociações com o Estado a fim de que nos conceda as terras e edifícios da ZAD. Valendo-nos das palavras do Movimento dos Trabalhadores Sem Terra do Brasil, nossa ambição era transformar nosso *acampamento* (ocupação sem documentação) em *assentamento* (terras conquistadas).[9]

Os primeiros encontros entre a delegação do movimento e o Estado não diz respeito à negociação, mas à afirmação de posições antagônicas. O mandato da

8 N. da E.: No original, *naturalistes*, traduzido ao português, "naturalistas". Porém, pela sonoridade incomum ao contexto brasileiro, propomos a expressão que compreende todos os campos da ciência que estudam os diferentes âmbitos da natureza.
9 N. da E.: No original, as palavras acampamento e assentamento foram citadas em português.

assembleia consiste em dizer às autoridades: "congelem temporariamente a redistribuição das terras e a reatribuição fundiária; vendam ou arrendem ao movimento o conjunto das terras e edifícios da ZAD; renunciem a qualquer tentativa de expulsão e anistiem todos os acusados da luta antiaeroporto".

A posição do governo é, também, bastante simples: "nós vamos vender as terras e edifícios da ZAD, mas não a vocês e não agora; nós propomos, enquanto esperam, que assinem as Convenções de Ocupação Precária [*Conventions d'Occupation Précaire*, COP] individuais; vamos realizar uma operação militar de expulsão e de destruição nas próximas semanas; alguns exploradores agrícolas declarados podem salvar a sua pele assinando desde já."

Recusa categórica de nossa parte. Respondemos com a proposta de uma convenção de uso coletivo a uma associação que agrupa o conjunto do movimento. Cada lado se finca em suas posições. Uma reatualização da correlação de forças é inevitável.

Em 9 de abril de 2018 começa a segunda operação militar contra a ZAD. Milhares de policiais são enviados, dois tanques, drones – o dispositivo é absolutamente inédito. Já nas primeiras horas, o enfrentamento atinge e ultrapassa a intensidade do último dia da operação César. Ele durará uma semana ao longo da qual 17 áreas comuns são aniquiladas. Haverá vários feridos. Tendo em vista o número de granadas ofensivas atiradas, é um pequeno milagre que não tenha havido mortes. A semana se completa com uma grande e turbulenta manifestação, no sábado, no centro de Nantes, seguida de um grande mutirão para reconstrução, no domingo, na ZAD.

Frente a esses dois eventos, que reúnem dezenas de milhares de pessoas, a operação de expulsão é provisoriamente suspensa. O dispositivo policial acampa na estrada D281, mas não realiza mais destruições das áreas comuns. A despeito das desavenças internas que seguiram à desistência do projeto, a capacidade do movimento de estabelecer uma correlação de forças políticas favorável permanece coesa. O governo se divide sobre qual conduta adotar: há os partidários da nossa pura e simples eliminação do território e aqueles que desejam uma saída negociada do conflito. No plano militar, em contrapartida, apesar dos bombásticos atos de resistência (um tanque e diversas máquinas foram incendiadas por uma coluna móvel de companheiros), o rolo compressor policial é eficaz: um terço da ZAD foi destruído em menos de uma semana.

É nesse momento que a prefeita propõe aos ocupantes preencher formulários enquanto anuncia uma retomada das hostilidades, em quinze dias, para expulsar aqueles e aquelas que se recusassem a preenchê-las. Esses "formulários de projeto agrícola" são um dispositivo derrogatório inédito em relação ao acesso à terra. Trata-se de indicar seu estado civil, as extensões reivindicadas e uma descrição, em poucas linhas, das atividades agrícolas projetadas para aceder à terra – sem a necessidade de apresentar certificados de qualificação, diplomas ou de renda. O formulário evita uma expulsão e abre caminho para uma regularização definitiva das instalações e atividades relativas, por meio da assinatura de uma Convenção de Ocupação Precária (COP), e, depois, de um arrendamento fundiário. Para mensurar bem o caráter excepcional de um tal regime de exceção no acesso à terra, basta imaginar por um segundo a aplicação desse procedimento de redistribuição fundiária em qualquer outro lugar do globo.

A brecha foi aberta. Nós arquitetamos, como resposta, uma estratégia de autodefesa administrativa. Ela consiste em desviar o dispositivo estatal para ir contra a individualização, constituindo um enorme dossiê coletivo de fichas individuais, capaz de cobrir o conjunto das localidades ainda em pé e das terras ocupadas da ZAD, inclusas as atividades e instalações não-agrícolas. A estratégia é reverter o procedimento proposto numa perspectiva de acesso coletivo à terra. O objetivo é impedir qualquer nova destruição, mas igualmente, e sobretudo, manter uma base fundiária que seja capaz de arrancar o máximo de terras destinadas ao aumento das explorações agrícolas vizinhas, a fim de ali estabelecer instalações camponesas oriundas do movimento.

O conjunto das localidades é consultado, quatro localidades (de quarenta) recusam a estratégia. Após um caloroso debate, é tomada a decisão de respeitar suas escolhas, excluindo do plano os terrenos concernidos, mas sem que isso impeça, em contrapartida, as demais localidades da ZAD de prosseguir com a tentativa. Em 18 de maio de 2018, começa a segunda onda de expulsão. Ela mal dura dois dias. Sete localidades são destruídas, dentre as quais três não habitadas. Um manifestante perde uma mão. Ao contrário da primeira onda de expulsão, a correlação de forças não é mais favorável. Uma coluna de companheiros, não importa o quão organizada, não pode pesar significativamente na correlação de forças sem a presença, em campo, de uma grande diversidade de habitantes do território e de táticas de resistência. Desta vez, ambas faltaram ao encontro.

Atingimos, então, o limite que levava ao *squat*, ou seja, à ocupação. Esta é, inegavelmente, uma estratégia eficiente, um meio excelente de defender um território frente a um projeto devastador, talvez o melhor. Mas ela pode, em contrapartida, converter-se em impasse logo que se torne um fim em si mesma. Pôr-se em risco numa situação que envolve violência policial extrema exige um sentimento profundo que mal se compara ao simples fato de que os ocupantes não pagam aluguel nenhum. O futuro de qualquer ocupação é traduzir-se localmente por meio de um acesso fundiário definitivo. A ocupação das terras e o *squat* são meios. O fim está em outra parte. Ele reside na reivindicação comunal do conjunto das terras agrícolas e das construções, na restituição da Terra aos mundos.

Uma ocupação isolada jamais poderá suscitar tal transformação, sua vitória potencial reside, então, em sua capacidade de ancorar-se definitivamente, de suscitar e apoiar novas ocupações e de se tornar uma base de apoio para a (re)construção de um movimento revolucionário. Se a vocação de um governo de esquerda é enterrar as promessas de reforma agrária que ele evoca ritualmente na campanha eleitoral, a das forças revolucionárias é implementá-la sem esperar, por meio de tomadas de terra, arrancando das autoridades governamentais, ao mesmo tempo, concessões territoriais estáveis, disseminadas aqui e acolá.

O dilema do Quilombo[10]

Em 14 de junho de 2018, pouco tempo após essa última expulsão, quinze prepostos do movimento assinam Convenções de Ocupação Precária sobre 170 hectares de terra. Começa, então, uma dura batalha pelas terras da ZAD. Ela dura dois anos, até a assinatura de arrendamentos em janeiro de 2020. *Tomar a terra* foi escrito no meio do caminho, em meados de 2019. Hoje – um ano mais tarde –, quando o texto chega ao Brasil, a estratégia de instalação coletiva que foi defendida trouxe seus frutos.

10 N. da E.: O termo "quilombo" aparece neste prefácio (escrito especialmente para a edição brasileira) devido ao desejo dos autores, pertencentes a uma comunidade rural em luta, de relacionar as práticas de resistência do contexto brasileiro às atividades autonomistas francesas – em particular com a luta da ZAD de Notre-Dame-des-Landes. Cabe, porém, da perspectiva brasileira, o reparo de que essa perspectiva francesa, independente de sua distância ideológica e prática frente ao pensamento hegemônico, mantém uma de suas premissas fundantes, a saber, a da universalidade. Na língua francesa, as práticas de negação e resistência colonial geradas a partir da diáspora africana foram historicamente nomeadas de *marronage* – conforme a descrição de Dénètem Touam Bona (um escritor afroeuropeu, ele próprio avesso ao discurso universalista francês) em *Cosmopoéticas do Refúgio* (Florianópolis, Cultura e Barbárie Editora, 2020): "A marronagem – o fenômeno geral da fuga de escravos – pode ser ocasional ou definitiva, individual ou coletiva, discreta ou violenta; pode alimentar formas de banditismo (caubóis negros do Faroeste, cangaceiros do Brasil, piratas negros do Caribe, etc.) ou acelerar uma revolução (Haiti, Cuba); pode lançar mão do anonimato das cidades ou da sombra das florestas." Nesses termos, é possível compreender a adoção genérica de um termo para abarcar os "*maroons*" do Haiti, da Jamaica e das ilhas do Caribe francês, os "*cimarrones*" e "*palenques*" da Colômbia e de Cuba, os "*cumbes*" da Venezuela e os "quilombolas" e "mocambos" do Brasil – bem como as demais nomenclaturas gestadas nas reinvenções anticoloniais da vida por fugitivos em seus contextos específicos. Ainda assim, para que esta generalização não seja adotada irrefletidamente, caberia compreender o uso de "quilombo" nesta passagem do texto como o gerenciamento comunizado de modos de vida subalternos resistentes a qualquer autoridade ou dispositivo capitalista-colonial contemporâneos – e ter em vista tanto as especificidades do uso do termo no Brasil tanto quanto sua inscrição mais geral na história da diáspora africana.

Nós ainda somos, hoje, ocupantes das casas, cabanas e fazendas que habitamos, mas o movimento conseguiu de forma definitiva 450 hectares de terras para instalações camponesas. Múltiplos usos ali se desdobram. Listamos cerca de vinte atividades agrícolas: vários rebanhos ovinos e bovinos, cultivos em campo aberto (batatas, lentilhas, feijões, girassol, colza, trigo, trigo-sarraceno, misturas de cereais), uma experiência de permacultura que associa pequenas criações de animais e canteiros de matéria orgânica (*hügelkultur*), três grandes hortas (as pequenas hortas são incontáveis), cultura de plantas aromáticas e medicinais, colmeias, pomares, várias padarias, uma doceria, uma cervejaria, e até uma criação de *escargots*...

Sem ser exaustiva, essa listagem dá uma ideia da diversidade e da densidade das experiências camponesas oriundas da luta, que perduram no *bocage* de Notre-Dame-des-Landes. Elas estão distribuídas sobre as terras de uma quinzena de signatários, que abarcam 150 habitantes. Quatorze dessas experiências tomam a forma de coletivos de produção, e sete têm uma forma mais individual ou familiar, mantendo-se ligadas às outras por múltiplas partilhas e trocas. Além da dinâmica camponesa, diversas atividades artesanais (carpintaria, marcenaria, curtume, mecânica etc.) e culturais (biblioteca, concertos, escolas-canteiro etc.) se desdobram.

Agora que o Estado nos concedeu os cuidados e o uso de um fragmento do *bocage*, o perigo que nos espreita é o de deixar que ele nos cerque como em uma reserva, enquanto o Império continua a arrasar o resto do mundo. Como escapar disso? A questão é importante. Para alimentar as formas presentes de resistência à colonização metropolitana, meditemos brevemente sobre a herança histórica do quilombo. A nosso ver, ele esclarece com uma luz singular os desafios revolucionários contemporâneos.

Para resumir, os quilombolas são indivíduos e grupos que recusam a condição servil e que escapam para as montanhas e florestas inexploradas das colônias escravagistas. Constituem comunidades de vida e de luta em territórios cindidos. Sua existência representa uma vívida esperança para todos os escravizados e um perigo mortal para a colônia. Os quilombolas cometem regularmente incursões contra as plantações dos senhores. O Império responde por meio da organização de batalhões de caçadores de quilombolas.

Logo, as comunidades quilombolas perturbam o funcionamento do sistema escravagista sem, contudo, conseguir desestabilizá-lo. Elas proliferam, então, em suas margens territoriais (Honduras, México, Panamá, Guadalupe, Martinica, Ilha da Reunião). Em breve, o crescimento e a pujança das comunidades quilombolas força as autoridades coloniais a lhes conceder espaços que gozassem de uma autonomia oficial, para evitar uma guerra civil (Brasil, Jamaica, Guiana, Suriname, Colômbia, Cuba).

Essas concessões territoriais aos quilombolas tomam a forma de Tratados. Estes contêm cláusulas de não-agressão recíproca: fim das incursões e das caçadas. Também traziam cláusulas que visavam a preservação da ordem "*plantation*ária", como por exemplo a interdição de receber novos fugitivos. Aí reside o paradoxo que nós chamamos de "dilema do Quilombo": conservar os espaços autônomos conquistados implicaria necessariamente renunciar à luta contra o Império para além desses raros enclaves liberados? É preciso opor secessão territorial e revolução mundial?

Outrora, no Haiti, as comunidades quilombolas se mostraram ativas na guerra revolucionária. Por meio do juramento de Bois-Caïman, em 14 de agosto de 1791, elas se aliaram aos escravizados da *plantation* para derrubar a ordem colonial e destruir o Império. Como resolver esse dilema no presente? Como levar as localidades de vida coletiva estabelecidas no campo a se jogar de corpo e alma em uma ofensiva revolucionária?

A resposta não é teórica e menos ainda universal. Ela é buscada nos territórios zapatistas, nas comunidades curdas, no corredor vermelho de naxalitas na Índia, nos *assentamentos* e *acampamentos* do MST, nas ocupações do sindicato dos operários do campo (SOC) da Andaluzia, bem como nas lutas territoriais dos povos autóctones de todos os continentes... O que nos falta é um "*intercomunalismo revolucionário*" capaz de conectar mundialmente esses territórios liberados, usando desta vez as palavras do *Black Panther Party.*

Desde esse deserto que é o Ocidente, nossa aspiração é fazer do *bocage* de Notre-Dame-des-Landes uma base de apoio para lutas sociais e ecológicas no Estuário do Loire e para além dele. Trabalhamos para colocar nossa força material e nossa capacidade de projeção, de acolhimento e de revitalização à disposição dos movimentos em curso.

Nos últimos dois anos, na trilha da desistência do aeroporto, diversos projetos imobiliários contestados foram abandonados: a ecovila em Dijon, o mega centro comercial em Gonesse, o centro de lazer na floresta de Roybon etc. Essas vitórias são extremamente estimulantes, mas não bastam. Urge impulsionar outras ocupações de terra. Garantir, de modo perene, as localidades tanto na cidade como no campo. Engajar-se e arriscar-se incessantemente nas tomadas de rua que surgem no coração dos centros metropolitanos. Ultrapassar e transbordar a ZAD. Ir mais longe. Construir um movimento pela liberação da Terra. A tarefa é imensa e nós estamos apenas no início do caminho...

Na esperança de que aquilo que se viveu no Estuário do Loire possa alimentar os imaginários revolucionários de vocês, como os *quilombos* e o *Movimento dos Trabalhadores Sem Terra* irrigaram o nosso.

Habitantes da Zona a Ser Defendida
de Notre-Dame-des-Landes,
agosto de 2020.

INTRODUÇÃO

A sociedade só pode ser capitalista porque as massas estão sem terra. A terra não é capital, ela é algo bem diferente. A terra, de onde vem tudo o que a indústria depois transforma, e de onde vêm todos os nossos produtos alimentícios, é uma parte da natureza, como o ar que respiramos, como a luz e o calor sem os quais não pode haver vida. Como o ar e a luz, a terra e a água devem ser livres. Isso os homens sempre souberam e sempre saberão.

— Gustav Landauer, "La Colonie", 1910
(*À Contretemps*, nº 48, maio de 2014. Trad. nossa)

Desde a origem, a questão fundiária está no cerne da batalha em Notre-Dame-des-Landes. O movimento finca suas raízes em 1974, na defesa da terra pelos camponeses-trabalhadores. A terra era então considerada como uma "ferramenta de trabalho". Quarenta e cinco anos mais tarde, a perspectiva que nos move é a retomada do conjunto dos recursos fundiários (terras agrícolas, construções, matagais e florestas) pelos próprios moradores e camponeses. Uma retomada coletiva para arrancar as terras e a Terra da devastação capitalista... Lutar, mais e sempre, para reinventar os comuns[11]...

Hoje, o projeto do aeroporto encontra-se definitivamente enterrado, graças a anos de luta árdua. Depois de um ano de tormentas, marcado por uma operação contrainsurrecional inédita, que conjugava ofensiva militar e administrativa, nós continuamos, incansavelmente, a cavar o sulco que leva da luta vitoriosa contra o aeroporto à defesa do *bocage* e da Terra como bens comuns...

11 Ver *De la ZAD aux communaux*, 2014: http://www.nddl-idf.fr/wp-content/uploads/Zad-communaux-livretA5-DEF.pdf.

I

FUNDAMENTALMENTE[12] DETERMINADOS A PROSSEGUIR JUNTOS

12 N. da T.: O termo *foncièrement*, aqui traduzido por "fundamentalmente", pode ser definido como algo que remete ao fundo. Contudo, é importante destacar que a palavra contém o termo *foncier*, que pode ser traduzido como "fundiário", o que condensa a relação entre a luta pela terra e o modo como ela se dá.

Em 17 de janeiro de 2018, obtivemos uma vitória histórica contra a destruição de 1400 hectares de terras – e mais ainda se pensarmos na urbanização que irremediavelmente teria sido engendrada com a construção do ex-futuro aeroporto...

Hoje, apesar do projeto ter sido definitivamente abandonado, restam muitas razões para lutar por essas terras de *bocage*, nascente da bacia de Erdre-et-Gesvres:

- defendê-las da especulação, da concentração capitalista que, hoje, toma a forma de uma corrida desenfreada pela ampliação das fazendas, de uma fuga para a frente, que precipita a substituição da classe camponesa por um punhado de agroempreendedores a gerir centenas de hectares com seus *smartphones*.
- defendê-las da agricultura industrial, com tudo o que ela implica em relação a práticas devastadoras: usos de agrotóxicos, aparo das sebes, destruição da vida, maus-tratos aos animais, mecanização-robotização cada vez mais intensas, atomização, alienação e envenenamento dos agricultores.
- defendê-las, mas igualmente, e sobretudo, defendê-las, com o objetivo de experimentar usos comuns que tornam possível a autonomia dos moradores e dos camponeses em uma relação simbiótica, em vez de uma relação de exploração, com a terra e os seres vivos que a povoam.

É um segundo braço da luta que se inicia. Uma batalha pela defesa e comunalização dessas terras salvas *in extremis* do concreto. Uma batalha que prolonga, ao mesmo tempo em que ultrapassa, o que foi vivido no passado na ZAD. Hoje, como antes, a questão fundiária – a do acesso e do uso da terra – é uma questão política crucial.

É o nó entre, por um lado, a guerra social pela reapropriação das ferramentas de produção, dos meios de subsistência; e, por outro, a guerra territorial para defender e cuidar do frágil mundo que habitamos, e sobre o qual tudo leva a crer que está à beira do esgotamento. A questão fundiária está no cerne da questão revolucionária. No cruzamento do fim do mundo e do fim do mês, do levante dos coletes amarelos e da juventude que se agita pelo clima, há a reapropriação e a defesa da terra como bem comum.

A equação fundiária é vertiginosa. A superfície agrícola representa 50% da superfície do território nacional francês. Nos próximos dez anos, em razão do envelhecimento dos agricultores, a metade das fazendas da França vão trocar de mãos: ou seja, um quarto do território nacional será "liberado"! Nossos campos, nossas pradarias, nossos pântanos, nossas pastagens e nossos *bocages*. Uma vasta zona a ser retomada, a ser defendida, a ser estendida.

Na falta de uma dinâmica de retomada de terras que combine ocupações irregulares e instalações coletivas, essas terras serão orientadas ou em direção ao crescimento das explorações industriais, ou a novas construções. Há urgência. O garrote está apertando. A cada ano, na França, quase 80.000 hectares são soterrados por concreto, enquanto as megaexplorações agrícolas não param de crescer. Em 2013, 3,1% dessas explorações concentravam sozinhas a metade das terras agrícolas da União Europeia.

Nós estamos vivendo uma virada histórica na apropriação capitalista das terras e na devastação do mundo. Se nada vier travar essa tendência, a próxima geração estará irremediavelmente espoliada dos derradeiros recursos do saber-fazer camponês, e, em consequência, absolutamente dependente da agroindústria para prover suas necessidades básicas. A geração seguinte habitará um deserto. Na França, quase um terço dos pássaros dos campos desapareceram nos últimos quinze anos...

Nesse momento de virada, nós acreditamos que a experiência da ZAD não pode reduzir-se a um precedente vitorioso de luta contra um aeroporto. Ela deve ser prolongada e contribuir – à sua maneira – ao impulsionamento de uma dinâmica de retomada das terras agrícolas e da comunalização dos recursos fundiários por meio de experiências camponesas coletivas, intimamente ligadas às lutas sociais em curso. Mais do que nunca, nós precisamos comunizar as terras para construir formas consequentes de autonomia política e material.

A razão pela qual nossa época é tão pesada, tão estéril, tão despedaçada e infeliz é porque estamos enclausurados em nossa passividade há tempo demais, porque adiamos a realização de nossa tarefa, que é repartir a posse do solo entre seus habitantes.

— Gustav Landauer, "La Colonie", 1910
(*À Contretemps*, nº 48, maio de 2014. Trad. nossa)

II

PARA SEMPRE ANCORADOS NO *BOCAGE*

Só para lembrar: nós ocupávamos por volta de 200 hectares de terras agrícolas antes da desistência do projeto do aeroporto, e as instalações oriundas da luta se desdobram, hoje, em 310 hectares. As Convenções de Ocupação Precária (COP), que assinamos em relação a essas terras, foram ou estão a ponto de ser, em sua maioria, transformadas em arrendamentos de terra – por nove anos. Se obtivemos essas terras, após anos de luta, isso se deu em parte graças a uma estratégia coletiva de instalações oficiais.

Foram essas instalações que nos permitiram meter o pé na porta, sustentar uma correlação de forças favorável, acedendo definitivamente à terra pelo estatuto do arrendamento. Lembremo-nos que esse estatuto foi outrora arrancado à força por meio da intensa luta das resistências camponesas contra os proprietários da terra. Ele é um mecanismo de defesa do usufrutuário extremamente protetor e nos resguarda fortemente de eventuais riscos de expulsão pelas décadas por vir.

Não nos encontramos mais na situação de expulsabilidade permanente, própria da circunstância de ocupação; protegidos no futuro numa escala de décadas. Contudo, passar de uma prática camponesa irregular como a ocupação à condição de instalações legais não foi uma decisão fácil. Exigiu confrontar-nos com os imperativos de viabilidade econômica, expor-nos às fiscalizações, pedir a *Dotation du Jeune Agriculteur* [Dotação do Jovem Agricultor], as ajudas PAC [Política Agrícola Comum], o selo de orgânicos. Colocar o dedo na engrenagem kafkiana da administração agrícola...

Alguns camaradas de luta já tinham feito essa escolha, anos antes da desistência do projeto do aeroporto, acompanhados, nesse sentido, pela comissão de instalação de COPAIN.[13] De nossa parte, se tivemos de fazê-lo na primavera passada, não foi nem com alegria, nem porque queremos nos tornar "exploradores agrícolas" como os outros.

Foi, primeiramente, para pôr um fim à operação de expulsão realizada na primavera [do hemisfério norte] de 2018, para proteger as casas, fazendas e oficinas da ZAD, bem como todas as atividades subversivas que ali continuam, hoje, a se desdobrar. Para tornar o maior possível o acesso coletivo aos recursos fundiários, era necessário que alguns jogassem o jogo do "jovem camponês que se instala". É devido ao fato de que alguns dentre nós haviam começado individualmente o percurso de instalação oficial que nós temos, ainda hoje, terras que nos permitem prolongar experiências de agricultura coletiva. Foi, enfim e acima de tudo, para estarmos em posição de sustentar, efetivamente, uma correlação de forças favorável, face ao apetite dos exploradores acumuladores – uma vez que se fizeram disponíveis os meios para termos prioridade no acesso à terra, e para pressionar a situação no sentido de conseguirmos mais terras.

Temos perfeita consciência dos riscos que essa escolha em favor da instalação camponesa comporta, mas apostamos na força, na engenhosidade e

13 *Collectif des Organisations Professionnelles Agricoles Indignées par le projet d'aéroport* [Coletivo das Organizações Profissionais Agrícolas Indignadas pelo projeto do aeroporto]. Ele agrupa especialmente a confederação camponesa de Loire-Atlântico, o Agrupamento dos Agricultores Orgânicos (GAB 44), o Centro de Iniciativas para Valorizar a Agricultura em Meio Rural (CIVAM 44), *terroirs* 44 e Acolhimento Camponês. Ele cumpriu um papel determinante na resistência à operação César, em 2012, e nas tomadas de terra na ZAD, a partir da tomada da fazenda de Bellevue em janeiro de 2013.

na resistência de nossos coletivos para desmanchar a individualização e a normalização que ela poderia induzir. A experimentação permanente de múltiplas formas de trabalho em comum é, para nós, o melhor apoio para dissolver essas tendências.

III

TERRA NENHUMA SEM GUERRA

Uma batalha agrícola se trava na ZAD. Surda, menos visível e espetacular do que antes, ela não é menos fundamentalmente determinada. Ela nos opõe, especialmente, à AMELAZA, à FNSEA e à *Coordination rurale*.[14] Para fazer o balanço da situação fundiária da ZAD, lembremos alguns números referentes ao uso das terras. A ZAD conta com 1200 hectares de terras agrícolas, e 230 hectares de floresta e matagais.[15]

No que concerne às terras agrícolas, 305 hectares sempre foram cultivados, historicamente, por camponeses em luta, que resistiram com todas as suas forças ao projeto do aeroporto. É legítimo que nossos camaradas encontrem, hoje, seus direitos de arrendamento nas terras que cultivavam antes de 2008.

Antes dessa data, 250 hectares eram cultivados por acumuladores. É costumeiro dizer desses acumuladores que "quando a gente dá a mão, eles querem o braço". Além de seu crescimento fora da ZAD ter sido priorizado, eles já haviam recebido um cheque gordo da construtora Vinci por terras que, todavia, eles continuam a cultivar, gratuitamente, até hoje – embolsando a PAC, ainda por cima. Para coroar, hoje os acumuladores vêm resgatando definitivamente essas terras, sem devolver o dinheiro anteriormente recebido – "além do braço, querem o corpo todo".

14 A AMELAZA: *Association pour le Maintien des Exploitations Légales sur l'Ancienne Zone Aéroportuaire* [Associação para a Manutenção das Explorações Legais na Antiga Zona Aeroportuária] foi criada no dia seguinte ao abandono do projeto do aeroporto, ela agrega os agricultores acumuladores que tiraram proveito desse projeto para crescer. A FNSEA: *Fédération Nationale des Syndicats d'Exploitants Agricoles* [Federação Nacional dos Sindicatos de Exploradores Agrícolas], um sindicato majoritariamente submetido ao *lobby* agro-industrial. E a *Coordination Rurale* [Coordenação rural]: um sindicato agrícola situado à extrema direita do tabuleiro político.

15 Os números concernentes ao perfil fundiário da ZAD são estimados.

São cultivados 310 hectares pelas instalações camponesas oriundas do movimento de luta. Isso é ainda insuficiente frente a nossas necessidades atuais. Para que as instalações individuais e as formas de agricultura coletiva possam se desdobrar plenamente, precisamos de muito mais.[16] É por isso que, no outono, nos posicionamos em novas terras.

Estão ainda sob a Convenção de Ocupação precária 220 hectares de terras ditas "não-históricas". Seu destino será decidido no próximo outono [setembro-novembro 2019] com uma reatribuição definitiva de arrendamento: ou essas terras se somam às posses dos exploradores que ali já estão; ou elas respondem às necessidades fundiárias das instalações oriundas do movimento que ali se posicionou. A próxima batalha reside aí. O outono será quente. De ambos os lados, todos se posicionam, desde já. Basta que preenchamos simples formulários de autorização de exploração para que a DDTM[17] soe o alarme de que nós "botamos fogo no campo". Persistem zonas de conflito entre as instalações oriundas do movimento e os exploradores acumuladores, e outras aparecem. Mais de cem hectares de terras agrícolas estão em conflito hoje na ZAD.

Nossa capacidade de vencer repousa exclusivamente no desdobramento da correlação de forças. Ela depende das ações que pudermos conduzir em campo

16 Não percamos de vista que somos muitos a cultivar esses 310 hectares de terras, enquanto que nas formas clássicas de agricultura industrial, essa superfície é geralmente "explorada" por no máximo duas ou três pessoas.
17 *Direction Départementale des Territoires et de la Mer* [Direção Departamental dos Territórios e do Mar]. É uma administração ligada à prefeitura que administra o conjunto de elementos e questões ligados à gestão do território: estradas, navegação, política agrícola comum, atribuição de terras etc. Desde o abandono do projeto e do fim da *Zone d'Aménagement Différé* [ZAD, Zona de Planejamento Diferido], essa é a principal administração em exercício.

– que sustentem uma dinâmica coletiva de instalação camponesa e de retomada de terras –, mas igualmente do número de candidatos à instalação suscetíveis de juntarem-se à luta. Ela depende, enfim, de nossa capacidade de recolocar a questão das terras e da Terra no cerne dos debates políticos atuais.

O próximo outono irá definir o equilíbrio entre as forças envolvidas no braço de ferro agrícola e fundiário que será travado no *bocage* nos próximos anos. Depois, ao longo do tempo, vão se multiplicar as aposentadorias de agricultores da região, amigos ou hostis. Novamente, centenas e centenas de hectares "serão liberados". Daqui até lá, será necessário estarmos prontos para retomá-los.

Além disso, esse conflito acerca da retomada das terras tem vocação para estender-se além do perímetro do ex-futuro-aeroporto, a começar pelos 270 hectares adquiridos pelos planejadores fora do perímetro da ZAD para constituir uma reserva fundiária, com o objetivo de "compensar os agricultores impactados".

A ZAD permanece sendo um espaço privilegiado para nos arriscarmos em experiências inéditas de autonomia política e material. Nós precisamos de indivíduos e, sobretudo, de coletivos que queiram se lançar na aventura, para participar na retomada de terras. A alavanca estratégica das instalações camponesas é um meio e não um fim. No fundo, o que está em questão é traçar um caminho para (re)aprendermos, juntos, a habitar a terra, a tomar cuidado dela e a partilhar seus frutos. Nesses tempos conturbados, entre o medo milenar da catástrofe e o desejo renascente de revolução, a experiência vivida no cerne do *bocage* de Notre-Dame-des-Landes é preciosa ao extremo.

IV

HABITAR A TERRA

A questão fundiária não pode ser reduzida à questão agrícola. Esta é apenas um flanco de ataque a fim de retomar as terras e defender a Terra. Fundiário significa, literalmente, o "fundo de todo objeto", "a parte essencial de algo", e não simplesmente o solo, a terra, bem como os edifícios que a constelam.

Se foi ao enfatizarmos nossas práticas camponesas que pudemos ter acesso aos recursos fundiários, nossos usos permanecem múltiplos e entrecruzados. Eles ultrapassam tanto a questão agrícola como a da produção. De certo modo, poderíamos até dizer que foi também o *bocage* que fez uso de nossos corpos, nesses últimos anos, para defender sua integridade... Habitar o *bocage* é tecer nele e com ele uma relação sensível na contramão da implacável frieza gestionária.

A operação de reflorestamento do Conselho Departamental é apenas uma ilusão. Os poderes instituídos nunca terão a capacidade de frear a catástrofe ecológica que eles mesmos precipitaram. É no mínimo ridículo ver Philippe Grosvallet[18] – ainda ontem partidário fervoroso do aeroporto – fazer-se arauto da "preservação" do *bocage*. Absolutamente nenhuma medida restritiva voltada à proteção das sebes, dos pântanos e dos cursos de água, e ainda menos para proibir o uso de agrotóxicos, foi tomada pelo departamento proprietário.[19] Por trás

18 N. da E.: Philippe Grosvallet (1958-) é um político francês ligado ao Partido Socialista. Desde 2011 é presidente do *Conseil Général* (nomeado *Conseil Départemental* a partir de 2015) do Loire-Atlântico, representante máximo do executivo desse departamento.

19 As instalações oriundas do movimento de luta foram assinadas como arrendamentos de terra com cláusulas ambientais muito restritivas: proibição de agrotóxicos e outros insumos químicos, favorecimento da agricultura orgânica e preservação das pradarias e sebes.

dos efeitos publicitários das declarações ecológicas, nós sabemos que só poderemos contar com nossa própria capacidade de tomar as terras com a pressão dos habitantes da região para tomar conta do *bocage* e arrancá-lo da lógica da exploração, da exclusividade e do monopólio.

Somente a comunidade em devir dos habitantes e camponeses pode tecer uma relação com o *bocage* e com o mundo que não seja a de uma pura exterioridade frente à natureza. A tendência atual se direciona ao planejamento de um território polarizado entre dois extremos: hipercentros metropolitanos cada vez mais artificializados e reservas naturais valorizadas pelo turismo e pelo mercado das compensações ecológicas. Entre esses dois polos, algumas raras ilhas esparsas de agricultura camponesa, afogadas em um lúgubre oceano de agricultura industrial.

Paradoxalmente, tanto a exploração como a "santuarização" são maneiras de manter a natureza à distância. Essas duas lógicas se conjugam, hoje, no capitalismo verde. A mercantilização da natureza alcança picos de sofisticação em seu absurdo, com a quantificação e a valorização desses novos frutos da terra que os economistas chamam de "serviços ambientais". É por essa escamoteação que agora é possível monetizar a capacidade de captação de carbono de uma árvore – ou especular sobre o valor que ela representa tal como se especula sobre o preço do petróleo ou sobre a valorização de ações –, quer dizer, servir-se da

Mas isso se deu unicamente porque nos voluntariamos a fazê-lo! Outros agricultores assinaram arrendamentos clássicos, que deixam o campo aberto para práticas intensivas e de devastação.

medida de carbono que ela captura para compensar artificialmente, por um jogo de escrita contábil, as emissões de uma multinacional.

Nossos modos de habitar e de tomar conta do *bocage* contêm, em potência, uma outra relação com a natureza. Uma relação que pensa o *bocage* como um entorno que nos circunda e nos engloba, em vez de pensá-lo como uma exterioridade que o ser humano, superior, deveria gerir – quer seja com o desígnio funesto de "explorá-la", quer seja com o outro, ingênuo e presunçoso, de "preservá-la".

"Nós somos a natureza que se defende": esse *slogan* rodou o mundo. Teria sido mais justo dizer: "Nós somos o *bocage* que se defende", para lembrar que o *bocage* não tem muito de "natural", mas que é o fruto de uma relação simbiótica entre vegetal, humano e animal. No final das contas, mesmo a floresta amazônica é forjada por uma dimensão cultivadora que escapa totalmente ao olhar ocidental, mas não ao de seus habitantes.

Retirar-se do binarismo artificial entre o homem e a natureza, entre o doméstico e o selvagem, permite (re)construir uma relação com o mundo, com a capacidade de tomar conta do que há de fauna e flora selvagem no próprio cerne dos territórios camponeses, mas também das práticas camponesas existentes no seio dos territórios selvagens. A Terra não é nem uma reserva natural, nem uma fonte agrícola, é um emaranhado de relações entre minerais, vegetais, animais e humanos: um "Todo-mundo", para retomar as palavras de Édouard Glissant.[20]

20 N. da E.: Édouard Glissant (1928-2011), escritor, filósofo e militante político martinicano, autor de *Poética da Relação* [1990] (Lisboa, Sextante,

No Ocidente, o campesinato foi apagado como forma de vida, e encontra-se hoje praticamente enterrado pela industrialização e pela urbanização. No momento em que a antropologia inspira profundamente o imaginário político, tomemos cuidado com uma certa maneira de lê-la – aquela que busca matar a sede de cosmologias e de mundos na fantasia exótica de tribos longínquas. Não percamos de vista o mundo que jaz, aqui, sob nossos olhos, a alguns metros do periférico.[21] Ele tem, no mínimo, o mesmo tanto a nos ensinar.

Por trás dos grilhões da família e da tradição, o culto do trabalho e o do chauvinismo, a memória camponesa guarda uma sensibilidade que pode nos ajudar a tomar conta da inter-relação pela qual o *bocage* nos provê os meios de nossa subsistência e de nossa autonomia; na medida em que se realizem os gestos que o constituem como *bocage*: ceifa e pasto das pradarias, cuidado com as sebes, fossas, taludes, policultura...

Para compreender o complexo entrelaçamento de relações recíprocas que forjaram o mundo do *bocage*, convém compreender o papel crucial dos animais domésticos. Um criador camponês que olha as pradarias e as sebes por meio dos olhos dos animais que cria, vê algo bem diferente do que o olhar estritamente gestor que os técnicos agrícolas buscam impor. Há toda uma sensibilidade camponesa a ser cultivada e defendida, sem o que ela acabará rapidamente por

2011); *Introdução a uma Poética da Diversidade* [1995] (Juiz de Fora, Ed. UFJF, 2001); *Traité du Tout-Monde* (Paris, Gallimard, 1997), entre outros.

21 N. da T.: "Periférico", aqui, refere-se ao *boulevard périphérique* de Paris, anel viário que circunda a cidade e que delineia aproximadamente os limites administrativos.

se afogar na fria contabilidade da produção animal e vegetal, por desaparecer nas derivas da genética e da zootecnia. Não deixemos as "estratégias de otimização econômica" substituírem as nossas relações singulares com a terra, com os animais e com os vegetais.

O criador camponês está em contato cotidiano com uma outra dimensão do território, inacessível ao turista, que contempla uma paisagem, bem como ao planejador que a "zoneia". Quem quer que se entregue, por exemplo, à observação assídua dos bovinos, ganha outra compreensão da noção de simbiose. O abibe-comum põe os ovos nas pegadas de seus passos. A garça se alimenta dos insetos que a rodeiam e, às vezes, a incomodam. As orquídeas, os tritões, as rãs, as borboletas, uma miríade de espécies raras e selvagens povoam as pradarias pobres e úmidas onde pasta o rebanho. Essa fauna selvagem não poderia viver em nenhum outro lugar...

A vida pulsa em volta do rebanho ruminante, mas, também, dentro dele. Inumeráveis micróbios habitam esses ruminantes, alojados no rúmen, uma parte essencial do seu aparelho digestivo. É esse microbiota que come a grama que o boi ingere para melhor alimentar o próprio boi de volta, por um processo simbiótico complexo de digestão-ruminação que articula vida vegetal, vida animal e vida microbiana.

O laço íntimo entre as espécies companheiras e os humanos contribui profundamente para esculpir o modelo do *bocage*. O fio das sebes, fossas e taludes desenha uma inacreditável floresta-limítrofe que forja, à vontade, entre seus entrecruzamentos, pradarias incansavelmente pastadas ao longo dos anos, semelhantes a inumeráveis clareiras entremeadas.

A prática de uma agricultura extensiva e a necessária proximidade dos humanos, das pradarias e do gado, vai de par com um hábitat vernacular disperso, uma miríade de pequenas aldeias, em vez de grandes burgos mornos, cercados de loteamentos. O *bocage* é uma malha complexa tecida pela continuidade das relações entre vegetais, animais e humanos. Lá onde a metrópole organiza a separação entre esses mundos, o *bocage* nos convida a imbricá-los.

V

PASTOREIO E ECOLOGIA DO *BOCAGE*

Tudo na sociedade atual nos convoca a uma transformação radical das relações entre humanos e animais: a organização massiva do sofrimento animal e humano nos abatedouros industriais; o advento dos animais-máquinas, selecionados geneticamente por suas "performances econômicas", reproduzidos *ad nauseam* por inseminação artificial enquanto desaparecem as raças rústicas que conferiam toda a riqueza da biodiversidade doméstica; a produção estandardizada de uma carne insípida, nutrida por ensilagem, entupida de antibióticos, destrutora da saúde e do meio ambiente, produzida para empanturrar os pobres a preços baixos até torná-los obesos.

Extremamente minoritária, a criação camponesa não deve ser o idiota útil da indústria agroalimentar. A questão não é ser o fiador ético e publicitário de um sistema econômico que busca esconder a "floresta" da agricultura industrial por trás do "arbusto" da agricultura camponesa! A perspectiva de produzir alguns bifes orgânicos caríssimos para a boa consciência da burguesia globalizada, enquanto os pobres são envenenados pela agroindústria, não pode suplantar o horizonte político para o campesinato!

Contudo, a visão distópica de um mundo sem pastoreio é tão assustadora quanto a catástrofe atual: destruição pura e simples da biodiversidade selvagem, doméstica e humana das pradarias úmidas, do *bocage*, das charnecas, das turfeiras, das montanhas e das estepes; aniquilação de uma multiplicidade de culturas camponesas, de conhecimentos artesanais, de espiritualidades ancestrais, sejam elas monoteístas, politeístas ou animistas; desenvolvimento exponencial de uma nova indústria no *Silicon Valley* com os laboratórios da *foodtech* que produzem, artificialmente, vitamina B e carne sintética por manipulação genética, para atenuar as carências nutritivas e gustativas do regime *vegan*; ilusão ingênua e não-violenta de um mundo que manteria à distância a morte e o sofrimento. A sexta extinção animal em curso não pode ser freada simplesmente por uma mudança do sistema alimentar! Isso implica em uma derrubada do capitalismo, inimaginável de ser realizada sem violência.

Se a vida confinada no ambiente mineral e artificial dos hipercentros metropolitanos favorece a idealização da natureza e a difusão das ideologias veganas, antiespecistas e primitivistas, estas últimas se entocam no absurdo se transpostas para o *bocage* ou qualquer território camponês. Mesmo quando não se manifestam em atos de hostilidade pura e simples (ir cortar as cercas de seu vizinho), essas ideologias induzem a uma destruição do *bocage* tal como ele existe, e das relações vegetais-animais-humanos que o forjam. Há algo de profundamente colonial no ato de dizer a um camponês que resiste ao concretamento de suas terras que elas se tornarão, no futuro, um vasto campo de salgueiros ou um imenso campo de leguminosas.

Em um momento de sua história, o *bocage* de Notre-Dame-des-Landes abriu uma verdadeira brecha para repensar essas questões fundamentais por meio da fricção, do encontro, da superação de posições antagonistas. Experiências efêmeras de culturas de leguminosas foram conduzidas em conjunto entre camponeses da região (criadores de bovinos) e *vegans*. Ao cabo de duras conversas, por volta de quarenta hectares de terras agrícolas do *bocage* foram abandonadas[22] com o consentimento dos camponeses – mesmo que isso fosse profundamente contra a sua própria relação com a terra. O que barrou essa possibilidade, freou esses prelúdios aos deslocamentos e de superações, não foi nem a polícia, nem a administração, mas o fechamento ideológico e identitário, a recusa de compor com o outro. Aí reside, sem nenhuma dúvida, um de nossos principais fracassos.

Longe de nós o ideal conservador de um retorno às antigas formas de comunidades camponesas, de uma simples perpetuação do *bocage* tal como ele é. Se queremos defender o *bocage* em sua integridade, certamente não é para fazer dele um ecomuseu! Trata-se de nele deixar espaço para o experimental, para o inédito, para o imprevisível, de ordenar seus futuros inimaginados. Inventar uma relação mosaica com os comuns, em vez da hegemonia de uma só forma de relação com o território. Isso implica deixar espaço para o abandono de certos espaços, bem como para a experimentação prática de uma agricultura vegana.[23]

Se queremos divulgar como os fragmentos da herança camponesa encontrados aqui e acolá nos transformaram profundamente, não é, certamente, para preconizar um impossível retorno ao passado. É, antes de tudo, para fornecer um material que

22 N. da T.: Traduzimos como "abandonadas" o termo "*laissées à l'enfrichement*". A palavra "friche", empregada ao longo do livro, refere-se às terras em que a intervenção humana é interrompida.

23 Uma agricultura sem aporte de esterco e sem rotação incluindo o pastoreio de gado – que não existe em quase lugar nenhum até o momento. A quase-totalidade dos cereais, leguminosas e legumes produzidos hoje não são, portanto, *"vegans"*! Na ausência de experiência consequente, ignoramos o impacto de uma tal agricultura sem criação de animais na vida do solo. Infelizmente, a abundância de discursos e de publicações antiespecistas só se iguala à extrema raridade de experiências concretas de agricultura *vegan*.

alimentará, por toda parte, a fabricação e a invenção de novas maneiras de cultivar o solo, de criar os animais, de habitar a natureza, de aproximar-se da vida e da morte, e de estar juntos no mundo.

> *Nós só podemos reaver a parte da natureza que pertence a todos os homens se a parte da natureza que nós mesmos somos se transformar, apenas se existir em nós um novo espírito de renovação de todas as condições de vida.*
>
> — Gustav Landauer, "La Colonie", 1910 (*À Contretemps*, nº 48, maio de 2014. Trad. nossa)

VI

O ECO DO LAR

Que, hoje, a ecologia sirva às instituições como argumento contra nosso modo de habitar o *bocage* ilustra bem a que ponto ela pode ser brandida tanto pela juventude em greve pelo clima quanto pelos mais pérfidos dos gestores. É assim que nossas cabanas, cuja construção permitiu defender esse *bocage* contra o aeroporto e salvá-lo do concreto, são hoje percebidas como ecologicamente problemáticas pelos planejadores. Que a zona do ex-futuro aeroporto esteja, agora, a passo de ser considerada em seus planos como "Agrícola" e "Natural" significa que ela é "inconstrutível" e, portanto, inabitável...

Certamente, todas as nossas construções sobre as ruínas de edifícios destruídos durante a operação *César*, em 2012, têm vocação para permanecer na paisagem. Nós continuamos, neste exato momento, a edificar hangares agrícolas e habitações. Projetamos, ainda, reconstruir ao longo dos anos o conjunto das antigas sedes de fazenda destruídas... Mas a batalha está em outro lugar! Ela toca o cerne dos nossos modos de habitar.

Diversas cabanas de horticultura (*La Hulotte, La Riotière* etc.) não entram nas categorias dos planejadores intercomunais. A simples ideia de viver em uma cabana de madeira, na borda das sebes, cercada por um jardim de horticultura, por plantações e por pastos para os animais, parece irritar ao máximo os planejadores. Eles desenham em seus mapas zonas separadas ("agrícolas", "naturais", "residenciais", "artesanais", "comerciais" e "industriais") para melhor organizar existências que são, elas próprias, separadas.

A ZAD abrigou e ainda abriga múltiplas maneiras de habitar: a solitária eremitagem, protegida atrás das sebes, ao abrigo dos olhares; o pequeno lote de cabanas individuais; das caravanas aos hangares agrícolas reorganizados, passando por tendas, *trailers* e muitas outras formas de habitação. Nós nos focaremos, aqui, em uma certa maneira comunista de habitá-la.

A organização do espaço na maioria dos coletivos de habitação vai na absoluta contramão das tendências do urbanismo contemporâneo. O espaço de vida se agencia de modo diferente quando dez ou vinte pessoas moram juntas. Nessa forma de arquitetura vernacular, na ZAD, o espaço de habitação articula habitação temporária e habitação permanente. Ele é organizado, na maior parte do tempo, em torno de uma grande construção ou de uma cabana com sua cozinha, sala de jantar, banheiro, constituindo o lugar comum central - que, por sua vez, é circundado por uma constelação de espaços íntimos e privados.

Foi necessária toda a ciência dos arquitetos e urbanistas para reduzir, na habitação contemporânea, as "partes comuns" a um corredor estreito e um local para a lixeira... Será necessária toda a nossa determinação para defender e reinventar - tanto no campo como na cidade - formas de habitar nas quais as partes comuns não estariam mais reduzidas à indigência. Somente uma enorme ampliação da área das partes comuns pode subverter a moldura estreita da habitação individual, em casal ou em família.

> *Do que se passa por trás das pesadas portas dos apartamentos só se percebem no mais das vezes os ecos perdidos, os fragmentos, os esboços, os contornos, os incidentes ou acidentes que se desenrolam nas chamadas "partes comuns", esses leves ruídos de feltro que os gastos tapetes de lã vermelha abafam, esses embriões de vida*

comunitária que vão sempre se deter nos patamares. Os habitantes de um mesmo prédio vivem a apenas alguns centímetros uns dos outros, uma simples divisória os separa, partilham os mesmos espaços que se repetem ao longo dos andares; fazem os mesmos gestos ao mesmo tempo, abrir a torneira, dar descarga, acender a luz, pôr a mesa, algumas dezenas de existências simultâneas que se repetem de andar em andar, de prédio em prédio e de rua em rua. Eles se entrincheiram em suas partes privativas – pois é assim que se chamam – e gostariam que nada dali saísse...

— Georges Perec, *A vida modo de usar* (São Paulo: Companhia das Letras, 2009. Trad. Ivo Barroso)

Quem fala de ecologia sem abordar frontalmente a questão da vida cotidiana sob todos os seus aspectos – quem só tem na garganta as palavras "compensação", "pegada de carbono", "desenvolvimento sustentável", "*green tech*", "transição", "pegada ecológica" – fala uma língua morta, a da contabilidade do desastre. Para esboçar os fundamentos de uma ecologia comunal e revolucionária, ancorada na vida cotidiana, talvez seja necessário recomeçar da noção de ecosofia de Félix Guattari. Para ele, a questão ecológica se situa no limite de três registros: "o do meio ambiente, o das relações sociais e o da subjetividade humana". No *bocage* de Notre-Dame-des-Landes, experimentam-se formas de vida comum que podem manter juntos esses três registros da ecologia, como o demonstra nossa relação com a floresta.

VII

ABRACADABOSQUE!

A floresta de Rohanne foi plantada pela mão humana no meio do século passado. Paradoxalmente, o projeto de aeroporto permitiu que a Agência Nacional das Florestas (Office National des Forêts, ONF) deixe de fazer a manutenção dessa floresta. A ausência de gestores cedeu lugar a um processo de renaturalização dessa plantação, bem como a uma experiência florestal comunal.

Durante a operação *César*, em 2012, a floresta de Rohanne foi palco de violentos confrontos. Quando nela passeamos, as imagens voltam como fantasmas que a assombram. A textura do silêncio da floresta (povoado, na verdade, por infinidades de ruídos, respirações, cantos e gritos animais) é, em Rohanne, deveras particular. Ainda diríamos ouvir as detonações de granadas e o clamor de nossos urros acompanhando a retirada dos policiais em novembro de 2012.

Desde 2014, os habitantes do *bocage* se reapropriam da floresta. Tudo começa com caminhadas para conhecê-la melhor e escolher em conjunto as árvores a serem derrubadas, para responder ao mesmo tempo às necessidades da floresta em regeneração e à necessidade dos habitantes, de madeira para obras. As oficinas foram organizadas para ajudar a todos a desenhar os planos de futuras construções e a estimar suas necessidades.

Depois, no inverno, quando se interrompem os fluxos de seiva, em lua minguante, vêm à floresta os canteiros coletivos – voltados a aprofundar sua renaturalização. A coleta de madeira busca acompanhar o processo de plantio, rumo a uma mata irregular – por meio de derrubadas feitas pé por pé e de carregamento realizado por tração animal.

Um lugar muito importante é legado à transmissão e ao aprendizado de conhecimentos florestais. Às vezes, há estranhos rituais para despertar a magia adormecida na floresta. Algumas árvores são reputadas sagradas e intocáveis por terem abrigado cabanas vigorosamente defendidas durante a operação *César*, em 2012. A madeira de construção é, em seguida, serrada a nossos cuidados durante os canteiros coletivos. Depois, ela é redistribuída a preço de custo para atender às necessidades de construção dos habitantes. Enfim, as replantações de árvores vêm regularmente manter e diversificar os povoamentos da floresta...

Tudo isso parece ser normal... Mas o bom senso não é um argumento para os juristas do regime florestal e para os administradores da ONF. Não importa o que venha a acontecer, nós nos preparamos para a possibilidade de defender fisicamente nossos usos comuns da floresta de Rohanne. Neste inverno, como em todos os anos desde 2014, nós continuaremos a exercer esses usos.

Habitar, cultivar, cuidar, medir... No fundo, estamos convencidos que é pelo aprofundamento do conjunto desses usos comuns, em primeiro lugar, que nós conseguiremos defender o *bocage* da exploração. Antes, uma infinidade de direitos coletivos era concedida aos comunais. Os nomes desses direitos de uso ligados à terra fazem ressoar a poética imemorial de uma era passada: direitos de *pacage*, de *vaine pâture*, de *seconde herbe*, de *coupe*, de *dépaissance*, de *champoyage*, de *moutonnage*, de *padiance*, de *cueillette*, de *plantis*, de *affouage* e de *marronage.*[24]

24 N. da T.: Os direitos aqui citados referem-se respectivamente: ao direito que permite levar o gado para pastar em terras de propriedade

Nos antípodas dos regimes de exclusividade da propriedade privada capitalista, nossos usos coletivos desenham uma maneira de encarar a terra não mais como um imóvel – objeto da apropriação exclusiva de um proprietário que teria sobre ela plenos poderes –, mas um bem comum cujos habitantes gozam simultaneamente, aprendendo laboriosamente a conciliar, sobrepor e a organizar seus múltiplos usos, aprendendo também a cuidar do *bocage* como se cuidassem de si mesmos, a reparar o mundo para as próximas gerações de habitantes. Essa experiência vivida pode ser aproximada da definição de comunismo que dava Karl Marx na *Ideologia Alemã*, como a superação "do antagonismo entre o homem e a natureza, entre o homem e o homem".

do Estado; ao que permite levar o gado para pastar fora das terras de seu proprietário; ao de cultivo concedido a habitantes que não necessariamente são proprietários da terra; ao de exploração privada de uma parte de florestas comunais; ao direito de pastoreio, que permite fazer o gado pastar em terras que não pertencem ao agricultor; ao mesmo que *droit de vaine pâture*; direito medieval que repousava sobre aqueles que adquiriam gado, especialmente carneiros; *droit de padiance*; ao de colheita; ao de plantio; ao de uso doméstico de uma parte da floresta concedido aos habitantes de uma região; ao direito do Antigo Regime que permitia a extração de madeira para usos específicos, como a construção civil.

VIII

SEMPRE COM TUDO!

Se nossos usos são a melhor maneira de defender, hoje, as terras da ZAD, a longo prazo, somente uma forma de propriedade coletiva pode garantir uma dimensão intergeracional que ultrapasse a expectativa de vida dos atuais usufrutuários. Enquanto não tivermos derrubado a propriedade privada da terra e seus meios de produção, para substituí-la por uma propriedade de uso, não poderemos fazer abstração da propriedade das terras que cultivamos, assim como dos edifícios em que habitamos.

Do conjunto das terras da ZAD, 890 hectares pertencem hoje ao Conselho Departamental e 120 ao Estado. Além disso, 135 hectares são, desde já, objeto de um procedimento de retrocessão, ou seja, vão retornar a seus antigos proprietários de antes de 2008. Enfim, restam retrocessões a "cumprir", ou seja, proprietários que não se manifestaram ou não se interessaram em retomar seu bem. Isso representa 295 hectares que ficarão, amanhã, nas mãos do Estado se os ditos proprietários não os reclamarem. Além das terras, a propriedade de nossas localidades de vida é – ela também – absolutamente determinante. Das trinta localidades habitadas com que a ZAD conta, sete pertencem ao Estado e vinte e três ao conselho departamental.

No ano passado, nos equipamos de uma ferramenta para comprar coletivamente casas, fazendas, edifícios e terras. É o Fundo de dotação "A terra em comum" [*Fonds de dotation "La terre en commun"*]. Essa ferramenta jurídica nos pareceu a mais pertinente para constituir uma forma de propriedade coletiva inalienável, que venha proteger os recursos fundiários da ZAD e garantir a continuidade dos direitos de usos que nela se exercem.

A partir de 2020-2021, uma vez que o conjunto das retrocessões for cumprido, o Estado vai pôr à venda as terras do ex-futuro aeroporto, das quais é proprietário. Isso diz respeito a terras agrícolas, mas igualmente às casas, às fazendas e aos edifícios dos quais fazemos, hoje, uso – dentre eles, em especial: o Albergue dos Q de chumbo e as casas contíguas, a nova fazenda dos cem nomes, o Moinho de Rohanne e a *Ambazada*, ou ainda a fazenda de *Saint Jean du Tertre*. Conseguir comprar coletivamente esses lugares, que serão vendidos pelo Estado, é uma primeira etapa decisiva na construção de uma experiência de propriedade coletiva na ZAD.

Nossas projeções ultrapassam, de longe, a efêmera maioria no Conselho Departamental. Temos todo o nosso tempo para comprar progressivamente o conjunto da ZAD! O tempo do *bocage* não é o da obsessão de curto prazo e presentista dos governantes. Em um contexto de instabilidade política e de desmoronamento do sistema representativo, a posição atual do presidente do departamento – velho elefante de um socialismo em vias de extinção – não pesará por muito tempo.

Tudo foi escrito sobre o abuso que constitui a propriedade fundiária privada. Mas nós também desconfiamos visceralmente das boas intenções dos poderes públicos – que ainda ontem planificavam o aniquilamento do *bocage*, e que hoje continuam por toda a parte a saquear o mundo. Então, tentamos traçar um caminho que não seja nem o da propriedade privada, nem o da propriedade pública: uma forma de propriedade comum, fruto de uma associação inédita entre habitantes, camponeses, usufrutuários, cientistas da natureza, pesquisadores...

IX

USOS E COSTUMES

e aquele que se tornar senhor de uma cidade habituada a viver em liberdade e não a reduzir a ruína será mais cedo ou mais tarde arruinado por ela: pois sempre se abrigam nas rebeliões o nome da liberdade e suas antigas leis, coisas que nunca se esquecem, nem pela duração do tempo, nem por quaisquer benefícios. E, por mais que se faça e se cuide, caso seus habitantes não sejam dispersos ou debelados, não se esquecerão...
— Maquiavel, *O príncipe* (São Paulo: Companhia das Letras, 2010. Trad. Maurício Santana Dias)

Desde 2013, nós nos esforçávamos para antecipar o futuro sem o aeroporto. Um longo trabalho coletivo de pesquisa permitiu, ao longo dos anos, construir hipóteses sobre o que seria da ZAD depois da desistência do projeto do aeroporto.[25] Foi assim que nasceu a ambição de uma entidade comum, oriunda do movimento, encarregada da partilha, dos usos e do cuidado com a terra. Em 2014-2015, um texto em seis pontos foi extensivamente debatido e modificado, para ser em seguida validado pelo conjunto dos integrantes da luta antiaeroporto. Ele buscava evitar a provável desagregação da comunidade de luta, uma vez que o projeto do aeroporto fosse abandonado.

Nós permanecemos fiéis a esse juramento de seis pontos para o futuro da ZAD. Continuamos a tomar parte na edificação dos comuns com o conjunto do movimento (habitantes, camponeses, cientistas da natureza e vizinhos) por meio da assembleia de usos e suas comissões. São esses espaços consuetudinários que constituem a entidade comum encarregada das terras

25 Ver o texto "Os seis pontos para o futuro da ZAD": https://zad.nadir.org/IMG/pdf/6pointszad-a3-2.pdf .

do movimento. Essa entidade nunca poderá reduzir-se a uma forma estritamente jurídica. Sua existência reside mais em nossa capacidade, ou nossa incapacidade, de inventar um novo costume. É nessa tentativa de invenção consuetudinária, mais do que nas estratégias de desvio de ferramentas jurídicas existentes (arrendamento, fundo de dotação), que reside todo o interesse daquilo que se vive no *bocage* de Notre-Dame-des-Landes.

O estado macroniano – no dia seguinte àquele recuo histórico que foi a desistência do projeto – recusou categoricamente a conceder as terras da ZAD a uma entidade jurídica oriunda do movimento. Não porque era legalmente impossível, mas sim porque era politicamente explosivo. Sinceramente, poderíamos ficar surpresos com isso? Depois da desistência forçada do aeroporto, oferecer-nos as terras da ZAD de mão beijada teria constituído um precedente fora do comum!

A ZAD não é Larzac, onde uma terra afastada foi mantida como propriedade do Estado para melhor ser concedida a uma centena de famílias camponesas, ali habitantes desde sempre, e somadas por alguns novos moradores. Estamos falando, aqui, de terras no coração da metrópole Nantes-Saint Nazaire, do acesso à terra por pessoas vindas de toda parte, e que estão muito longe de serem todas profissionais da agricultura... Na era do liberalismo macroniano, a propriedade pública está mal das pernas. Ao contrário de Mitterrand,[26] em sua época, esse aqui não tinha nada a ganhar eleitoralmente cedendo aos opositores.

26 François Mitterrand (1916-1996), presidente da França entre 1981 e 1995, pelo Partido Socialista, cujo governo foi marcado pela conciliação com os interesses econômicos de seus oponentes liberais e pelo favorecimento político, nem sempre tácito, do Front National (tradicional partido de extrema direita).

A recusa de conceder as terras a uma entidade comum do movimento não nos impede absolutamente de continuar a construí-la de maneira autônoma na Assembleia dos Usos; de constituir, para além das leis republicanas, nossos próprios usos e costumes. Práticas agrícolas irregulares tangenciam as instalações declaradas que as protegem. As experiências de rotação comum do cultivo se prolongam. Diversas formas de agricultura coletiva encontram lugar em um mundo agrícola dominado pela exploração individual ou familiar. Coletivos experimentam, aqui e acolá, diferentes maneiras de subverter a questão do trabalho, da produção, da economia. Uma bela centena de pessoas de diferentes lugares povoam ainda o *bocage*.

Há algo de ofuscante no binarismo estéril entre legalismo e ilegalismo. Ele oculta o real de modo absoluto, enredando-se em abstratas posições de princípio sobre o caráter moral ou amoral do direito. O direito é um campo de batalha. Buscar criar precedentes, se alojar nas brechas, nos interstícios – muitos movimentos o experimentaram no passado. O direito é uma ficção. Ele tanto causa implacáveis efeitos no real como não causa nenhum.

Nós não acreditamos nem por um segundo que o fato de preenchermos algumas papeladas para poder habitar para sempre o *bocage* nos impeça de continuar a nos entregar a diversas ilegalidades, das mais insignificantes àquelas que têm mais a ver com a construção de um movimento revolucionário. Crer em uma tal sandice seria o mesmo que pensar que viver do seguro desemprego ou de programas de renda mínima significa uma submissão absoluta ao Estado e uma abjuração a todos os meios de combatê-lo.

Ao conceder uma centralidade demasiadamente grande ao direito, perdemos de vista o essencial. Durante os cinco anos de vácuo de poder na ZAD, entre 2013 e 2018, a experiência da ausência de polícia nos confrontou com algo antes impensável. Se todo mundo detesta legitimamente a polícia, hoje, não são muitos, em contrapartida, os que têm a menor ideia de como ficar concretamente sem ela em certos tipos de situação. Se há sempre um sindicalista para denunciar as injustiças que estruturam o direito atual, um robespierrista de opereta para propor reescrever a constituição, muito raras são as tentativas de edificação de regras locais, situadas, maleáveis e consentidas que poderiam substituir o direito em vigor, na escala de um bairro ou de um vilarejo.

Para que a ausência do Estado não reconduza nem ao reino liberal do "cada um faz o que quiser", nem à lei do mais forte, nem à guerra de todos contra todos, é preciso constituir ainda mais os germes de uma autonomia comunal. A ordem estatal ocidental repousa sobre uma espécie de paz armada no interior das fronteiras e de guerras imperialistas no plano internacional. Está aí toda a sutileza do Império em nossa época. O Estado se coloca como o fiador da ausência de guerra civil, entregando-se realmente às formas mais ou menos eufemísticas de guerra civil contra a população. A dimensão mais explicitamente visível desse jogo duplo é a militarização da manutenção da ordem. Teríamos sequer imaginado, há alguns anos, que um tanque pudesse fazer frente a manifestantes sobre os quais se tornou banal atirar com armas de guerra? Até onde nos levará a extensão ilimitada do estado de exceção nas democracias ocidentais?

Assim, ninguém pode, hoje, esquivar-se da espinhosa questão da guerra civil, aquela que temos de conduzir para derrubar a realidade capitalista. Mas igualmente aquela que devemos evitar – por meio da eclosão de uma realidade comunal portadora de uma possibilidade de ruptura com o caos liberal que caracteriza a nossa época. Uma não vai sem a outra. É a razão pela qual contentar-se a fazer, ingenuamente, o elogio da guerra civil não pode tomar o lugar de uma perspectiva revolucionária – ao contrário, esse elogio origina-se do niilismo e, de fato, confina seus praticantes ao onanismo teórico-amotinador. Derrubar o poder vigente é absolutamente necessário, mas notoriamente insuficiente. Para que a destituição signifique mais do que uma simples derrubada de regime, e até mesmo para que essa derrubada seja possível, é preciso constituir ainda mais, ou melhor, constituir outra coisa localmente.

A ZAD nos confrontou, com toda a força, com a extrema dificuldade de reatar a comunidade política, de reinventar usos e costumes, de substituir a lei republicana por regras comuns elaboradas por e para uma comunidade de habitantes suficientemente firmada, sólida e potente para fazê-las serem aplicadas. Durante cinco anos, entre 2013 e 2018, a aparente ausência do poder instituído nos colocou cruelmente de frente a tudo o que resta em nós de poder incorporado: liberalismo existencial, individualismo, encolhimento nas identidades e ideologias, incapacidade de fazer comunidade sem tradição.

X

COMUNIDADES

A comunidade de luta suscitada pela resistência contra o aeroporto está constantemente às voltas com um conflito. Um conflito entre a comunidade negativa e a comunidade positiva. Bataille enunciou esse paradoxo maravilhoso: "a comunidade negativa é a comunidade daqueles que não têm comunidade".

A comunidade de luta contra o aeroporto era, primeiramente, uma "comunidade negativa" extremamente heterogênea, sustentada somente pela recusa do aeroporto ou a recusa de seu mundo. Mas ela também continha em si os germes de uma outra relação com a comunidade, de uma afirmação, de uma projeção positiva comum.

A maior parte dos desafios que atravessamos este ano [2019] origina-se da extrema dificuldade de passar do fundamento de uma comunidade negativa para o de uma comunidade positiva. Ou, para dizer de modo mais brando: de uma comunidade primeiramente fundada sobre uma recusa (mesmo que carregasse em si uma positividade), a uma comunidade firmada, antes de tudo, em torno de uma afirmação, de um vir a ser (mesmo que ainda seja movida por diversas recusas).

> *Os homens que recusam, e que estão ligados pela força da recusa, sabem que ainda não estão juntos. O tempo da afirmação comum lhes foi precisamente retirado. O que lhes resta é a irredutível recusa, a amizade desse Não certeiro, inabalável, rigoroso, que os torna unidos e solidários.*
>
> — Maurice Blanchot, "Le refus" em *L'amitié* (Paris: Gallimard, 1971. Trad. nossa)

Mas o que ocorre quando triunfamos em nossa recusa? Se amanhã um movimento poderoso chegasse a derrubar Emmanuel Macron, então todos aqueles e aquelas que entraram em coalizão para precipitar essa queda se encontrariam, sem dúvida, confrontados com as mesmas formas de despedaçamento que experimentamos no dia seguinte ao da desistência do projeto, com a decomposição do movimento antiaeroporto.

Depois da desistência do projeto do aeroporto, nem todo o voluntarismo do mundo poderia impedir que a comunidade de luta não se desmanchasse pelas bordas. As franjas mais rígidas de cada integrante, dos cidadãos mais hermeticamente legalistas aos pseudorradicais mais dogmáticos, não estavam prontas para transcenderem-se, para ultrapassar seus princípios morais, para metamorfosearem-se, para lutarem juntos pela entidade comum com a mesma força e a mesma inteligência de que conseguimos dispor contra o aeroporto.

Um de nossos erros foi termos deixado que se dissesse que a diversidade da comunidade negativa era uma força em si e por si. Foi também por termos necessitado tanto do mito da "unidade na diversidade" – a ponto de que os seis pontos para o futuro da ZAD puderam passar como sendo a posição do movimento antiaeroporto. Porém, se todas as tendências do movimento validaram o texto, isso se deu a fórceps. Na realidade, os seis pontos encarnavam antes a posição de uma franja ativa de cada tendência.

Por muito tempo, ocultamos os violentos conflitos que sempre atravessaram o movimento, a fim de dar ao inimigo a aparência de uma unidade indefectível. Nós nos esforçamos para não deixar transparecer nada das batalhas internas que atravessamos entre 2013 e a desistência do projeto. Essas batalhas tocavam em questões extremamente sensíveis: as consequências práticas da vida sem polícia; o acesso aos campos e aos lotes agrícolas; o uso das estradas, caminhos e sendas; a convivência de relações antagonistas com a natureza e com a agricultura; certos comportamentos individualistas e atos de má-fé em relação a nossos vizinhos das cidades contíguas, ou em relação a outros habitantes da ZAD etc., etc., etc.

Se essa unidade de fachada mostrou-se vencedora na luta contra o aeroporto, ela se voltou contra o movimento uma vez que a desistência foi anunciada. O que a experiência da ZAD nos ensina é que, se a comunidade negativa guarda uma considerável potência de destituição, construir uma comuna a partir de uma simples justaposição de diferenças, uma soma de identidades antagonistas, é, em contrapartida, impossível. A comuna exige um liame muito mais consistente que a diversidade tática frente ao inimigo comum.

O elogio da composição se tornou o elogio da mestiçagem, o de uma entediante síntese com fedor açucarado. Na ausência de tradição secular, como em Chiapas, é no advento de novas formas contemporâneas de *créolisation*[27] que se situa a base cultural de novas comunalidades por vir.

Historicamente, as crioulizações provêm da violência colonial e imperialista, de uma vontade de hegemonia cultural e racial que veio a suscitar, não obstante, construções culturais e linguísticas plurais e híbridas. Glissant, de novo ele, nos mostra como as línguas crioulas provêm do choque, da consumação, da consumição recíproca de elementos linguísticos de

27 N. da E.: Na linguística, *créolisation* ou crioulização refere-se ao processo de complexificação e generalização de uma língua compósita secundária (*pidgin*), a ponto de tornar-se a língua principal ou materna de uma comunidade.

início absolutamente heterogêneos uns aos outros. As línguas e culturas crioulas são agrupamentos linguísticos oriundos do entrechoque de diversas línguas-raiz, de diversas identidades-raiz.

O que a crioulização guarda de mágico e de sublime é que ela conjuga identidades absolutamente heterogêneas. Ela lhes oferece uma linguagem comum, sem com isso fundi-las e confundi-las. Cada identidade, cada cultura originária que a compõe, continua a existir por si própria, ao mesmo tempo em que está ligada por uma identidade-rizoma, uma língua rizoma que traça os contornos do comum. Para que a composição signifique mais que um simples jogo de alianças, seria necessário compreendê-la como uma forma de crioulização política a ser inventada.

> *A crioulização é imprevisível. Ela não saberia se fixar, se encerrar, se inscrever em essências, em absolutos identitários. Consentir que o sendo muda enquanto permanece não é abordar um absoluto. O que perdura no compartilhamento ou mudança ou troca, é talvez a propensão ou a ousadia para mudar. Eu os apresento como uma oferenda a palavra crioulização, para significar este imprevisível de resultantes inauditas, que nos guardam de sermos persuadidos de uma essência, ou de ser uma rigidez exclusiva.*
>
> — Édouard Glissant, "O grito do mundo" em *Três ensaios traduzidos: Edouard Glissant em Crítica Afrodiaspórica* (Salvador: UFBA, 2018. Trad. Édson Sobrinho)

Após um ano de decomposição da comunidade negativa, se nós ainda hoje tomamos parte ativa no segundo braço da luta, isso se dá porque não saímos ideologicamente ilesos da experiência aqui vivida. Nós não nos contentamos em compor com o outro na busca – mais ou menos secreta – de convertê-lo. Incorporamos partes inteiras dele, deixando pedaços de nós mesmos ao longo do caminho percorrido. A ponto de que, enterrado o aeroporto, era simplesmente impossível nos encolhermos confortavelmente em nossa identidade política inicial.

Muitas pessoas foram levadas para fora e para além de si mesmas por essa luta: habitantes ou camponeses tornaram-se ocupantes e ocupantes tornaram-se habitantes ou camponeses; o jurista da ACIPA fazendo piquete e barricada e o piqueteiro arquitetando estratégias de desvio jurídico; o jovem nômade desenraizado que se tornou sedentário ao vir habitar esse *bocage* e o habitante enraizado que descobriu na luta o gosto pela viagem...

> *A estrada que percorremos no tempo é juncada*
> *pelos destroços de tudo o que começávamos a ser,*
> *de tudo o que poderíamos ter nos tornado.*
> — Henri Bergson, *A evolução criadora*
> (São Paulo: WMF Martins Fontes, 2021.
> Trad. Bento Prado Neto)

Privado de seus elementos mais ortodoxos, o coração da comunidade de luta ainda bate, mesmo que seu perfil tenha mudado. Se essa comunidade não constitui imediatamente a base crioula de uma nova comunalidade, ela não permanece menos viva. Uma forma de composição se prolonga: o embrião de um movimento por um futuro comum no *bocage*. Os cidadãos ulcerados pela traição da direção da ACIPA criaram a "Prosseguir juntos" [*Poursuivre ensemble*], uma associação que conta hoje com mais de mil participantes. Os "Naturalistas em luta"[28] [*Naturalistes en lutte*], focados na preservação do *bocage*, não podem imaginar nem por um segundo que o combate pare por aqui. O mesmo ocorre com os camponeses determinados, engajados, hoje, na batalha pelas terras. Quanto a nós, após anos de vida e de luta nesse *bocage*, nós persistimos em crer que estão, aqui, reunidas as condições de uma experiência inédita de comunização.

28 N. da E.: Ver nota 8, p. 22, desta edição.

XI

COMUNIZAÇÃO?

As peripécias vividas até aqui, nessa luta, estão aí para nos lembrar a complexidade de um processo de comunização das terras. Contrariamente à coletivização ou à nacionalização dos recursos fundiários, a comunização das terras não pode ser concedida pelo Estado. A comunização é um processo. Ela não se decreta. É um compartilhamento em ato por e para os habitantes de cada localidade. A comunização se constrói. Ela se ancora em um costume. Ela conjuga múltiplas formas no espaço e no tempo. Ela não segue uma rota já traçada, mas emprega incontáveis caminhos. De experiências comunitárias a tentativas revolucionárias, a história é cortada por tentativas, mais ou menos felizes, de retomar as terras. Mas raras são as experiências de comunização.

Pensemos nos "meios livres", esses pequenos grupos anarquistas-individualistas em busca de um fora, suas tentativas de construir lugares e de cultivar terras na escala das afinidades geralmente fracassam com rapidez extrema... No tempo em que a inconsequência liberal-libertária fragmenta absolutamente todos os laços.

Pensemos em todas as tentativas centralizadas de planificar a coletivização de terras – elas culminaram, tanto na Rússia soviética como na China maoísta, em horrível escassez e na desapropriação dos camponeses! A prosa gélida dos comissários políticos alinha meticulosamente as estatísticas sobre os montantes produzidos. De um plano quinquenal a outro, prossegue a inexorável fuga para frente da exploração econômica e industrial.

Nos debrucemos, por contraste, nas comunas rurais aragonesas de 1936, ou no movimento revolucionário zapatista: então descobriremos tentativas de comunização das terras. Um processo que começa por uma tomada e repartição das terras na escala de cada localidade, e que arranja sempre espaço para uma multiplicidade de usos coletivos, individuais e familiares. O comum não se impõe, mas se conecta às experiências e solidariedades que se tecem a longo prazo. Poderíamos até dizer que o comum se aprende.

No *bocage* de Notre-Dame-des-Landes, acabamos de efetuar uma tomada de terras histórica. Uma parte dessas terras é, desde já, objeto de uma comunização imediata, dedicada a diferentes experiências de agricultura coletiva, especialmente no seio da "Cooperativa do *bocage*" [*Coopérative bocagère*] e da "Semeie sua ZAD" [*Sème ta ZAD*]. Uma outra parte foi conseguida por camaradas de luta que fizeram a escolha por uma agricultura menos coletiva, e já tinham se engajado nos percursos clássicos de instalação agrícola, antes da desistência do projeto. Esses últimos integravam o movimento há muito, e contribuíram de maneira decisiva para as tomadas de terra. Ainda que pensem em trabalhar essas terras durante toda a sua vida, eles as consideram como terras do movimento, e têm o projeto de colocá-las em um fundo comum ao cabo de sua carreira. O nosso projeto é o de que a convivência e as porosidades entre essas diferentes formas de agricultura camponesa (coletiva, cooperativa, familiar, individual) amplifiquem e reforcem a comunização a longo prazo.

> *Hoje, os homens forjam as ideias mais absurdas sobre o desaparecimento da propriedade privada da terra. Isso decorre de que, em sua incredulidade e passividade, eles pensam*

somente na perfeita conclusão, somente no que chamam de "totalidade", somente no prazo final, no lugar de pensar no primeiro começo, na ação prática e na perseverança de seus esforços. Para nós, os seres humanos, e na natureza em geral, não existem sistemas finitos, nada é perfeitamente fechado em si mesmo.

— Gustav Landauer, "La Colonie", 1910
(*À Contretemps*, nº 48, maio de 2014. Trad. nossa)

Comunizar as terras começa por sair de um sistema no qual 2% dos agricultores alimentam o resto da população. Implica que uma multiplicidade de grupos e de indivíduos faça verdadeiramente uso delas, que as cultive, que as mantenha ou que nelas faça pastar seu gado. Longe de ser uma questão teórica, é antes de tudo um desafio prático, existencial e sensível.

É, aliás, a razão pela qual nós não estivemos aptos a tomar mais terras antes da desistência do aeroporto. Não porque a polícia ou a administração - então, ausentes - nos teriam impedido, mas sim porque nós não tínhamos força de trabalho coletivo suficiente para cultivar mais terras, nem laços comunitários suficientemente sólidos para ultrapassar os inevitáveis conflitos de uso que decorrem do fato de ter terras em comum.

Identificar quais terras comunizar. Conferir-se os meios de tomá-las - pela ocupação ou pela instalação. Aprender a conhecê-las, a apreender suas especificidades, a captar seu ritmo. Dar-se os meios de cultivá-las e de pastá-las. Redescobrir as técnicas camponesas ancestrais, inventando novas práticas agrícolas. Assumir coletivamente os trabalhos dos campos, as restrições e obrigações que a terra exige de nós. Juntar-se ao ritmo das estações para decidir juntos as formas de repartição, de rotação e de partilha dessas terras. Colher seus frutos, estocá-los, conservá-los, distribuí-los de modo que alimentem as experiências de autonomia política e revitalizem as lutas...

Tudo isso se aprende, ainda que faltem cruelmente tanto os lugares quanto as ocasiões de fazê-lo. Depois de anos de luta feroz, a despeito de todas as dificuldades encontradas e de todas as ciladas por vir, temos a candura de nos regozijar do fato de que o *bocage* de Notre-Dame-des-Landes abrigue tais experiências de comunização das terras, em vez de estacionamentos, uma torre de controle e um *free shop*. Aí mora nossa vitória.

XII
TOMADA DE FORÇA

Se podemos, hoje, continuar a experimentar esse processo de comunização do *bocage*, é exatamente porque ocupamos a ZAD durante anos, e porque ali nós combatemos ferozmente. Se desejamos que experiências similares se desdobrem em outra parte, é preciso continuar a lutar e a impulsionar outras lutas por toda parte, outras ocupações. Nenhuma "reforma agrária", nenhum governo, nos dará as terras, ou nos entregará a Terra. Nós as (re)tomamos somente ao atiçarmos o pendor insurrecional do presente, e ao nos atermos à reconstrução de um movimento revolucionário.

Durante todos esses últimos anos, a ZAD concentrou uma energia insana vinda de todas as partes para defendê-la. Uma energia que hoje convém, de nossa parte, redistribuir, reinsuflar noutra parte, em vez de nos iludirmos sobre o resultado de um confronto sacrificial para que permaneçamos "ocupantes" em nosso jardim. A constituição de um pequeno oásis de afinidades e alternativas no deserto capitalista não é somente não realista e impraticável, antagoniza com a própria ideia que fazemos de um processo revolucionário.

Em um período de calmaria social, entre 2011 e 2016, a ZAD foi um lar vivo de agitação na morosidade. Inútil, aqui, estender-se na inspiração que ela constituiu, e na maneira pela qual ela reforçou, por toda parte, o imaginário da autonomia política. Vários hagiógrafos já louvaram essa dimensão de nossa história. O que gostaríamos de destacar, em contrapartida, é como a ZAD, de 22 de fevereiro de 2014 aos motins de 2016 contra a lei trabalhista, passando pelas manifestações por Rémi Fraisse,[29] contribuiu, a seu modo,

29 N. da E.: Rémi Fraisse (1993-2014), militante ambiental morto por uma bomba de concussão lançada pela polícia francesa durante uma

para a volta da ofensiva dos movimentos de luta nas ruas de Nantes. Ela colaborou com a emergência do contexto político agitado que conhecemos hoje, como testemunham as cabanas de *palet* que floresceram no ano passado em todas as rotatórias da França.

Mais do que tomar a ZAD como uma situação excepcional, muitos a fantasiaram como o espaço ideal onde se concretizariam imediatamente todas as suas utopias. Para escapar da implacável brutalidade da devastação capitalista, os revolucionários mais desarmados se refugiam, muito frequentemente, na idealização beata de experiências que ele passam a viver por procuração. Nos anos 1970, eles deliravam com Cuba ou com a China maoísta e outros paraísos ilusórios do socialismo real. No início deste século, a ZAD valeu como mundo de fundo [*arrière monde*].[30] Nós nos arriscamos, por nosso entusiasmo e nossas escolhas estratégicas, a uma tal idealização. É preciso hoje admitir que a ZAD foi o receptáculo de todos os mitos e todas as quimeras, e que muito frequentemente a imagética radical substituiu o imaginário revolucionário.

Que a ZAD perca a centralidade política, que ela encarnara com força máxima na luta contra o aeroporto, não deve nos afligir. Ao contrário, ela nos permite recolocá-la em seu lugar. O que nós teremos aprendido nesses anos de luta antiaeroporto é que, se uma luta territorial contra um projeto de infraestrutura

manifestação, em 26 de outubro de 2014, contra a implementação da barragem de Sivens, numa pequena localidade do departamento de Tarn, a 50 km de Toulouse, sul da França. A mobilização política e a reação pública diante do episódio levaram à suspensão do projeto e à interdição ao uso de granadas ofensivas pela polícia em manifestações.

30 N. da E.: A partir do conceito nietscheano de *Hinterwelt*, em alemão, convencionalmente traduzido no Brasil como "por detrás do mundo".

pode suscitar localmente uma luta insurrecional absolutamente inédita, é somente em uma outra escala que pode despontar um momento revolucionário.

Nós chamamos, aqui, de "situação insurrecional" uma situação na qual há um vácuo de poder em um dado lugar e em um dado tempo. Para nós, uma situação insurrecional é o período que se abre quando "jornadas insurrecionais" têm êxito. O poder instituído é, então, derrubado, enfraquecido ou se põe em fuga. O resultado é frequentemente rápido e vertiginoso. Pensamos, aqui, tanto na Comuna de Paris, em 1871, quanto na de Nantes em maio de 1968... O que é excepcional na história da ZAD é o caráter extremamente limitado no espaço, mas muito estendido no tempo, de uma tal situação de vácuo de poder.

Certamente seria preciso que nós vivêssemos plenamente essa experiência para discernir que um momento revolucionário não pode tomar a forma de uma insurreição territorial em um dado lugar e tempo. O imaginário revolucionário que nos habita é mais próximo ao de uma multiplicidade de motins, de bloqueios e de ocupações. O surgimento de uma multiplicidade de insurreições territoriais simultâneas em diversos pontos do território, desenhando uma ascensão de comunas. Em vez da nostalgia eterna da época da ausência de polícia no território, nós preferimos construir a base local que nos permitirá contribuir à construção de movimento revolucionário assim, voltado a se livrar, por toda parte, da polícia e da economia.

A sequência política atual é marcada, para a nossa maior alegria, por uma reconquista de conflitualidade política, cujo aspecto mais visível e arrebatador reside numa espécie de banalização do motim. Desde o movimento contra a lei trabalhista, até o surgimento dos coletes amarelos, a combatividade na rua subiu um degrau, ligando-se com formas de conflitualidade da qual tudo levava a crer que pertenciam a um passado histórico já encerrado.

Mas se não queremos que essas insurreições em potencial continuem a "se sufocar no estágio do motim", se desejamos que elas deem vida a um momento revolucionário, trata-se de começar, por toda parte, a prefigurar localmente o mundo cujo advento nós queremos ver. Não há necessidade nenhuma de esperar a derrubada total da economia ou a destituição do Estado republicano para se auto-organizar no e contra o mundo capitalista. Ao contrário, para tornar essa derrubada possível, trata-se de constituir, desde já, na cidade como no campo, os embriões de poder comunal e de solidariedades locais que tenham a possibilidade de substituí-lo amanhã. Durante muito tempo, nosso imaginário da revolução se limitou ao do motim urbano. Com o que se pareceria um momento revolucionário que combinasse insurreições urbanas e levantes rurais, bloqueios da economia e autoprodução, assalto ao Élysée[31] e ascensão de comunas no conjunto do território? Nós ainda não sabemos. Não temos nem plano, nem programa, simplesmente experiências e intuições a partilhar. A revolução é uma surpresa, ela nunca se desdobra como o esperado. O extraordinário surgimento dos coletes amarelos terá nos dado uma vibrante percepção desse fato.

31 N. da T.: O *Palais de l'Élysée* é a sede do governo federal francês e a residência oficial do presidente.

Três coisas nos marcaram profundamente nesse impressionante levante:

- A primeira é que ele desenhou um vasto território difuso que explodiu o tradicional confinamento da contestação nos grandes centros: as rotatórias das zonas suburbanas, os pedágios de estradas, e mesmo o Leclerc de Pont-château.[32] Nenhum vilarejo, nenhuma cidade de porte médio foi poupada pela febre amarela, nem mesmo os burgos mornos e desertos espalhados ao longo das estradas departamentais.
- A segunda é que o levante dos coletes amarelos impulsionou um formidável movimento de vai-e-vem entre centro e periferia, cidade e campo, Paris e "províncias". Se em dezembro a perspectiva de uma tomada do *Élysée* deixou o domínio da fantasia para se tornar uma questão prática e material, isso se deu porque a força que tinha surgido nas rotatórias de toda a França se concentrou nos *Champs-Elysées*. De todas as partes, os coletes amarelos "partiram a Paris", como se parte ao assalto.
- A terceira diz respeito ao que se passou na ilha da Réunion: o único lugar onde o levante provocou, em uma semana, a paralisia total da economia, facilitada pela insularidade do território. Mais do que a repressão e as gesticulações ministeriais, foram antes as prateleiras vazias dos supermercados e o pânico da penúria que deram um fim ao levante, a dependência extrema e total da população ao capitalismo para prover suas necessidades básicas.

32 N. da T.: Leclerc é o nome de uma rede de hipermercados.

Nesse contexto, nós pensamos as formas novas de campesinato coletivo que se inventam no *bocage* de Notre-Dame-des-Landes não como uma alternativa colibrista,[33] mas sim como uma ofensiva para fazer frente à catástrofe atual. Nós não teríamos vindo morar aqui se a ZAD estivesse enfurnada nos confins de um campo afastado a mil léguas dos centros metropolitanos. A localização do aeroporto foi muito bem escolhida pelos planejadores, no coração do grande oeste: a vinte minutos de Nantes, trinta minutos de St. Nazaire e uma hora de Rennes. Paradoxalmente, é uma localização ideal para o estabelecimento de uma base de apoio às lutas do Oeste!

Nós não imaginamos unicamente o processo revolucionário de retomada das terras como um arquipélago de comunização. Nós o imaginamos também como uma estratégia de cercamento que começa nas portas dos hipercentros metropolitanos. Encarar a tomada de terras como uma arma de guerra é esforçar-se para atingir a base desde o qual ninguém mais pode opor construção e destruição, positividade e negatividade, habitar e combater, destituir e constituir. Desde a desistência da instalação do aeroporto, uma corrente ininterrupta de comentários e julgamentos apressados se espalha constantemente nas lixeiras da internet, bem como nas mais medíocres revistas militantes. Várias já vestem o hábito de procurador diante do tribunal da história; como de

33 N. da E.: A *Association Colibris* [Associação Colibris], que dá nome ao movimento homônimo, é uma organização criada em 2007 em torno de pautas ecológicas, especialmente relativas à mudança de matriz energética, de matriz liberal, ligada ao pensamento antroposófico e à cultura gerencial do "empoderamento", voltada a "encorajar cada indivíduo a *fazer sua parte*" na luta ambiental.

costume em tais circunstâncias, nosso lugar é no banco dos acusados! Deixemos os inquisidores da radicalidade abstrata em seu desprezível processo de caça às bruxas. Nós temos mais o que fazer... Durante esse tempo, nós continuamos a experimentar a experiência coletiva de uma reconquista de nossas condições materiais de existência e de subsistência. Nós construímos as ferramentas para prover e alimentar as longas e intensas lutas que se anunciam. Nós edificamos uma base de apoio no coração da região de Nantes, uma rede de fazendas e oficinas comuns que constituem a armadura de uma força material autônoma. Nós continuamos a aumentar nossas capacidades de acolhimento e de projeção, e a utilizá-las. Este verão terá visto o *bocage* acolher um encontro internacional reunindo várias centenas de pessoas que lutam contra as fronteiras; hospedar um encontro sindical de professores em luta contra a reforma Blanquer;[34] abrigar a construção de uma estrutura para o G7 no país Basco...

O *bocage* de Notre-Dame-des-Landes permanece, para nós, um território de predileção:

- para antecipar e frear a catástrofe ecológica em curso pela retomada das terras agrícolas...
- para (re)tecer uma outra relação com os seres animais, vegetais e minerais que povoam nossos arredores...
- para desenhar a perspectiva revolucionária de uma comunização do solo e de uma reapropriação da

34 N. da T.: A Reforma Blanquer é uma das medidas do governo Macron que busca reformular a grade de ensino das escolas francesas, organizando a grade horária em disciplinas obrigatórias e disciplinas optativas de especialização.

terra pelos habitantes de cada localidade, de cada comuna por vir...

- para tornar possível o aprendizado paciente da autonomia comunal, ali estabelecendo uma espécie de escola a céu aberto da comunização em todas as suas formas, com suas escolas-canteiro, suas escolas-fazenda, sua maneira de ensinar imbricando canteiros práticos e debates teóricos...
- para apoiar com todas as nossas forças os movimentos em curso e contribuir para tirar a poeira do imaginário, a fim de tornar desejável e tangível a perspectiva de uma revolução...

É preciso ir rápido. O tempo é contado. Retorno com força do nacionalismo... Previsões apocalípticas de um desmoronamento ecológico iminente pelo conjunto da comunidade científica internacional... Perpétuo aprofundamento da miséria social e existencial, da despossessão...

Se nossa época não é pré-revolucionária, então ela é sem futuro.

> *Em uma luz crepuscular, não sabendo se é a noite que vem ou se é um novo dia que se levanta, enquanto todas as teorias da evolução predizem a queda da noite, uma pequena faísca que carregamos em nós continua, em silêncio e com obstinação, a anunciar uma nova aurora.*
>
> — Martin Buber (Trad. nossa)[35]

35 N. da E.: No original, todas as citações ocorrem sem suas referências, apenas com indicações das autorias. Em todas elas buscou-se as origens e, quando possível, seus contextos foram informados. Exceto a citação do excerto presente de Martin Buber não se pôde identificar a referência.